版权声明

© 2016 by American Psychological Association (APA)

Supervision Essentials for a Systems Approach to Supervision by Elizabeth L. Holloway

  This Work was originally published in English under the title of Supervision Essentials for a Systems Approach to Supervision as a publication of the American Psychological Association in the United States of America. Copyright © 2016 by the American Psychological Association (APA) . The Work has been translated and republished in the Chinese Simplified language by permission of the APA. This translation cannot be republished or reproduced by any third party in any form without express written permission of the APA. No part of this publication may be reproduced or distributed in any form or by any means or stored in any database or retrieval system without prior permisson of the APA.

保留所有权利。非经中国轻工业出版社"万千心理"书面授权，任何人不得以任何方式（包括但不限于电子、机械、手工或其他尚未被发明或应用的技术手段）复印、拍照、扫描、录音、朗读、存储、发表本书中任何部分或本书全部内容，以及其他附带的所有资料（包括但不限于光盘、音频、视频等）。中国轻工业出版社"万千心理"未授权任何机构提供源自本书内容的电子文件阅览、收听或下载服务。如有此类非法行为，查实必究。

临床督导精要丛书
东方明见心理咨询系列图书

Supervision Essentials for
a Systems Approach to Supervision

督导的系统方法

临床督导精要

[美] 伊丽莎白·L. 霍洛韦（Elizabeth L. Holloway） 著

李 丹 译

中国轻工业出版社

图书在版编目（CIP）数据

督导的系统方法：临床督导精要／（美）伊丽莎白·L.霍洛韦（Elizabeth L. Holloway）著；李丹译.—北京：中国轻工业出版社，2024.1

ISBN 978-7-5184-4602-5

Ⅰ.①督… Ⅱ.①伊…②李… Ⅲ.①心理咨询-咨询服务 Ⅳ.①B849.1

中国国家版本馆CIP数据核字（2023）第232281号

责任编辑：戴　婕　　　　责任终审：张乃柬
文字编辑：潘　南　　　　责任校对：刘志颖
策划编辑：戴　婕　　　　责任监印：吴维斌

出版发行：中国轻工业出版社（北京鲁谷东街5号，邮编：100040）
印　　刷：三河市鑫金马印装有限公司
经　　销：各地新华书店
版　　次：2024年1月第1版第1次印刷
开　　本：880×1230　1/32　印张：6
字　　数：85千字
书　　号：ISBN 978-7-5184-4602-5　定价：60.00元
读者热线：010-65181109
发行电话：010-85119832　　010-85119912
网　　址：http://www.chlip.com.cn　http://www.wqedu.com
电子信箱：1012305542@qq.com
如发现图书残缺请与我社联系调换

231075Y2X101ZYW

译者序

在我完成《基于胜任力的临床督导精要》(*Supervision Essentials for the Practice of Competency-Based Supervision*)的翻译之后，编辑询问我是否对翻译丛书中的另一本——《督导的系统方法：临床督导精要》(*Supervision Essentials for a Systems Approach to Supervision*)感兴趣。一开始我有些犹豫，但概览全书后，我接下了任务。

督导的系统方法（systems approach to supervision，SAS）模型和更为中国督导实践者所熟知的伯纳德（Bernard，1979，1997）的区辨模型（discrimination model）一样，属于督导的过程模型，源于对督导的教与学和关系过程的兴趣，旨在观察和研究督导过程本身。区辨模型协助督导师区分与受督者的不同互动方式，SAS 模型则为督导师探索督导过程提供一张"路线图"，帮助督导师在遇到困难时提出正确的问题，而非直接指导督导师应该做什么。

概览本书时最先吸引我的，是书中的图表（认知心理学也证明，相较于文字，我们的视线总是先聚焦于图片）。

在本书中，图 1.2（见 p.21）可谓是最关键的一张图。它展示了 SAS 模型的七大维度及影响因素，其理论依据是作者伊丽莎白·L. 霍洛韦（Elizabeth L. Holloway）对督导过程与效果领域的研究和实践所进行的全面综述和聚类研究。在 SAS 模型中，处于核心的是关系维度——督导关系；处于左右两翼的是"人"的维度，即督导师和受督者；处于下方的两大维度是"过程"维度，即督导师的功能和受督者的学习任务（对应于同侧两翼"人"的维度）；处于上方的两大维度是"情境"维度，即组织和来访者——它们作为"情境/背景"，会影响督导关系及教学策略和任务（即过程维度）的展开。除了处于核心的关系维度，其他六大维度下又分别罗列了五个影响因素（或称为子维度）。对这些维度和因素的详细介绍可见第一章。

我们可以从"静态"和"动态"两种视角去看图 1.2（即 SAS 模型）：从"静态"视角看，我们可以看到影响督导过程诸要素的内容和结构；从"动态"视角看，我们可以看到诸要素（无论是主维度还是子维度）之间的相互影响，尤其是对核心——督导关系的影响。

然而真实的督导实践，往往不是围绕督导关系，而是围绕咨询工作的教与学进行的。这也是本书中的图 1.3（见 p.38）想要呈现的：督导双方教与学（受督者的学习任务和督导师的功能）的互动过程。SAS 模型将督导理解为督导师和受督者共同完成一项特定的学习任务，以帮助受督者实现专业成长。作者鼓励我们将图 1.3 想象成一个舵轮，把受督者的学习任务放置在内圈（根据督导会谈的特定时刻和情境，辨明当前的学习任务），然后转动外圈，选择对应的督导师功能（或功能组合），以完成特定的教学任务。

图 1.3 可以帮助我们聚焦于实际发生的督导过程，对受督者的学习需求和督导师的教学性干预进行系统评估，帮助督导师发现困扰特定督导会谈的重要主题；也为督导师提供了一个框架，以选择有助于受督者发展的督导焦点和督导师角色或功能。

第二章和第三章结合具体的督导案例，展示了真实的督导过程及 SAS 模型在其中的运用。我们可以在这两章发现很多图 1.2 和 1.3 的"简化版"，它们呈现了作者（也是互动中的督导师）在特定时刻的督导焦点，以及她认为当下最重要的受督者学习任务与自己所应采取的督导策略和行动。作者在文中阐述了她做选择的理由，而读者也可以运用 SAS 模型，思考自己是否会选择不同的焦点、角色和任务，做出不同的干预。

第四章围绕督导教学，先介绍了督导师应具备的基本胜任力及其在 SAS 模型中对应的要素，然后提供了大量的练习和示例来帮助督督导师[①]和新手督导师提升其胜任力水平。读者可以尝试进行这些练习，并结合 SAS 模型，设计更多、更适合自己和受训者、更适应中国督导情境的练习。

作者在最后一章展望了督导实践的未来发展趋势，也邀请读者运用和改良 SAS 模型。最后，她以一段特别感人的话作为本书的结尾。在此我恳请读者允许我将其摘录于下。

---

① 指对受训/新手督导师的督导实践进行督导的资深督导师。

尽管我努力捕捉 SAS 模型，想将其置于纸面，但我无法捕捉到在互动氛围中学习时所进行的对话、澄清和演示之中的兴奋感。这种兴奋感也可以说是督导的本质。最好的督导发生于一位有才华的督导师和一位投入的学生之间的创造性时刻。尽管存在"督导是艺术和技术的融合"的普遍信念，但这并不能阻止我们努力创建一种方法，以指导督导师理解教学原理，学习督导技能，并创造性地将这些方法应用于每一位学习者。（Holloway，1995，pp. 180-181）

最后，我想要感谢"东方明见"[①]和我的导师江光荣教授对我一如既往的支持，让我在临床督导专业之路上顺利前行，才能与此书结缘。感谢中国轻工业出版社"万千心理"及编辑对我的信任、耐心和帮助。自 2003 年考研起，我就一直非常喜欢和信赖"万千心理"的专业书籍，也希望本书和"临床督导精要丛书"能得到大家的认可和喜爱。

本书翻译如有错漏之处，还望读者不吝赐教（译者邮箱：15660331@qq.com）。

李　丹
2023 年 12 月于邛海湖畔

[①] "东方明见"是湖北东方明见心理健康研究所的简称，由心理学家江光荣教授创立，是以培养临床与咨询心理学专业人员并为其提供职后教育为目标的民办非企业机构。

中文版序

得知本书被翻译成中文,我感到很开心。我也想向译者李丹表达感谢,谢谢她的用心翻译,以及她对书中所蕴含的督导互动的深刻理解。我希望,结合真实的督导会谈来演示督导的系统方法(SAS)模型,能让该模型更易懂、更生动。书中穿插了大量图表,以帮助对 SAS 模型进行概念化和对督导实践进行分析。我发现在不同文化中工作时,SAS 理论的视觉表现形式非常有用。在我最近一次访问中国,并与中国从事督导的同行和学生一起工作时,他们兴味盎然地赋予了 SAS 视觉模型更多的中国元素,而且非常享受这一过程!

SAS 模型的最初版本发表于 1995 年[1],并在 1999 年被翻译成中文[2]。虽然模型中的七大关键要素没有变化,但有不少内容在本书中都进行了修订。在本书第二章中,您将看到我对为本书拍摄的配套督导会谈录像中所发生的督导事件的解读。我将邀请您思考:您会如何使用 SAS 模型与受督者进行工作,并如何在督导过程中进行干预?在第三章中,我呈现了一个案例,展现了一位受督者在咨询关系和督导关系中的阻抗。在督导中,我们可以看到她如何奋力地与自己对独立的需求进行对抗,以及这种对抗如何体现在她对来访者的依赖需求的阻抗上,而这种阻抗妨碍了深层次的咨询联结。在第四章中,你会看到督督导[①](supervision of supervison)实践的内容。我讨论了三种关系——对督导师的督导、对咨询师的督导和对来访者的咨询——是如何联系在一起的,并提供了一些例子,展示督导师如何就他们的督导实践寻求会商(consultation)。SAS模型中有许多动人的部分可以被捕捉,但最重要的是,该模型努力支持督导师、受督者和督导培训师,去建立一种促进学习和成长并保有同情和尊严的关系。我希望这些品质在本书中有所体现。

伊丽莎白·L.霍洛韦

2023年9月

注释

1. Holloway, E. L. (1995). *Clinical Supervision: A Systems Approach*. Thousand Oaks, CA: Sage Publications.
2. 这本书的繁体中文版由张老师文化公司于1999年出版,书名为《临床督导工作的理论与实务》,译者为王文秀、施香如、沙大荒;其简体中文版由四川大学出版社于2006年出版,书名与译者同繁体中文版。

---

① 指由资深的督导师对受训/新手督导师的督导实践进行的督导。——译者注

"临床督导精要丛书"前言

我们二人均是临床督导师（clinical supervisor）。我们为正在接受培训成为治疗师的学生讲授督导课程。我们开设督导工作坊，也与督导师就其临床实践进行个案会商（consult）。我们就此主题进行研究和写作。说我们吃饭呼吸都和督导有关似乎有点夸张，但事实确实如此。我们全身心地投入这一领域，全身心地帮助督导师，并为希望成为督导师的人提供最充分、最有用的引导。我们也致力于帮助受督者（supervisee）/咨客（consultee）/受训者（trainee）对他们在督导过程中的责任有更深刻的理解，让他们变成更好的合作者。

什么是督导（supervision）？督导在心理治疗实践中极其重要。爱德华·沃特金斯（Edward Watkins）在其主编的《心理治疗督导手册》（*Handbook of Psychotherapy Supervision*）[1]中写道："如果没有督导……整个心理治疗的实践就会变得高度令人质疑，或许都不该存续"（p. 603）。

督导被定义为：

在某一专业领域资历更深的成员向同领域（有时是非同

一领域）资历更浅的成员提供的干预。督导关系——

- 是评价性的和有等级差的；
- 会持续一段时间；
- 同时拥有多个目标：提升资历更浅的成员的专业能力；监控受督者提供给来访者的专业服务的质量；担任受督者即将进入的专业领域的把关人角色。(p.9)[2]

目前的专业文献普遍认可督导是一项"独立的专业活动"[3]。我们不能想当然地认为一位优秀的治疗师自然而然就能成为一位卓越的督导师。我们也无法想象一位优秀的督导师是被学术文献和理论课程"教"出来的。

那么怎样才能成为一位优秀的督导师呢？

现在的普遍观点是，督导是心理学工作者[4,5]和其他心理健康专业工作者的一项核心胜任力领域。为了方便提供跨专业群体和跨国界的胜任力督导，很多专业学会专门编写了相关的指南［例如：美国心理学会（American Psychological Association，APA）[6]、美国婚姻与家庭治疗协会[7]、英国心理学会[8,9]、加拿大心理学会[10]］。

《健康服务心理学临床督导指南》(Guidelines for Clinical Supervision in Health Service Psychology[11]) 的制定基于以下若干假设，并明确指出督导——

- 需要正规的教育和训练；
- 把对来访者/病人的关爱和对公众的保护放在第一位；

- 关注受督者胜任力的获取及其专业能力的发展;
- 要求督导师在其督导的基础性和功能性胜任力领域具备相应的胜任力;
- 锚定于与督导实践和被督导的胜任力相关的最新的实证基础;
- 在相互尊重和相互合作的督导关系之上发生,该关系包含助长的和评价的成分,是需要用心去建立、维持,并在必要时进行修复的;
- 牵涉督导师和受督者双方的责任;
- 在专业实践的各个方面,都有意地引入并整合多样性维度;
- 受到专业因素和个人因素的影响,包括价值观、态度、信仰和人际方面的偏见;
- 其实施要遵循伦理的和法律的规范;
- 采用发展性的和基于个人强项(strength-based)[①]的取向;
- 要求督导师和受督者进行反思性实践和自我评估;

[①] 弗兰德和谢弗兰斯科(Falender & Schafranske,2012a, p. 117)引用了积极心理学家塞利格曼(Seligman)《真实的幸福》(Authentic Happiness, 2002)对个体的突出强项(strength,也译作"优势")的描述,个体的突出强项可分为6大类、24小项:一是智慧与知识(1.好奇心/对世界的兴趣, 2.热爱学习, 3.判断力/批判性思维/思想开放性, 4.独创性/原创性/实用智慧/街头智慧, 5.社会智慧/个人智慧/情商, 6.洞察力);二是勇气(7.勇敢与勇气, 8.毅力/勤劳/勤勉, 9.正直/真诚/诚实);三是仁爱(10.仁慈与慷慨, 11.爱与被爱);四是正义(12.公民精神/责任/团队精神/忠诚, 13.公平与公正, 14.领导力);五是节制(15.自制, 16.谨慎/慎重/小心, 17.谦虚与谦逊),六是精神卓越(18.对美和卓越的欣赏, 19.感恩, 20.希望/乐观/展望未来, 21.灵性/使命感/信仰/宗教, 22.宽恕与慈悲, 23.童心与幽默, 24.热忱/热情/热衷)。——译者注

- 包括督导师和受督者之间的双向反馈；
- 包括对受督者是否达到了其应当达到的胜任力标准进行评估；
- 作为某专业的把门人职能；
- 与个案会商、个体心理治疗和指导（mentoring）进行区别。

在美国，越来越多的州出台了与督导师资格认证相关的法律和规范，所有的专业培训项目要求学生必须完成多项在督导下的见习（practicum）和实习①（internship），这些都可以证明督导的重要性。除此之外，研究也证实了[12]心理学专业从业者承担督导职责的普遍性——约有85%~90%的心理治疗师会在其开展临床工作后的15年内变成临床督导师。

现在我们知道了优质督导的重要性，也看到督导变得越来越流行。我们手中还握着与胜任力实践相关的指南和一份令人印象

---

① 根据弗兰德和谢弗兰斯科（2012a）所著的《充分利用临床训练和督导》（*Getting the most out of clinical training and supervision*，pp.8-9），见习是受督者第一次正式的临床实践。见习轮岗（rotation）通常持续一年，并匹配受督者现有的训练和经验水平。见习发生在研究生课程学习阶段，并不要求全职参与，受督者毕业前通常要完成好几轮见习，通常会在不同的设置下（如医院、社区心理健康中心、大学咨询中心）与不同的对象（如成人、家庭、儿童）进行工作，涉及不同的专业活动（如心理治疗、心理评估、会商）。实习作为研究生毕业、博士后教育、该专业领域准入的强制要求，通常发生在受督者完成课程学习阶段之后。受督者可能需要离开课程学习地，申请另一个城市的实习生项目。实习生需要全职接待来访者，同时还要接受督导、参加讨论会、完成论文以及实习项目规定的其他活动。——译者注

深刻的目标一览表①。然而这些就足以让我们变成一位优秀的督导师了吗？还不够。学习成为优秀的督导师的最佳途径之一就是从师于最受尊敬的督导师，即这一领域里的专家——那些拥有程序性知识[13]，知道做什么、什么时候做、为什么做的人。

我们为什么要编撰出版这套丛书？因为当我们四处寻觅那些能够帮助我们进行督导、教学、研究临床督导的材料时，我们碰壁了。我们惊讶地发现，我们找不到从专家督导师的角度去构建的兼具理论性和经验性的基础模型。看起来我们需要召集一个论坛，召集这一领域里的专家——那些不仅拥有理论知识，同时也拥有实践经验的人——用一种通俗易懂、简洁精练的方式介绍他们所使用的方法及该方法的基础，并展示他们在实际的督导会谈中会怎么做。从本质上来说，需要展示什么是最佳实践。

这一套丛书试图做到这一点。我们考虑了督导实践的主要取向——基于理论的取向和元理论取向。我们调查了心理学工作者、教师、临床督导师和国内外督导领域的研究者。我们请这一领域的同行指出哪些特定的督导模型应该被纳入进来，并选出相应领域内公认的专家。此外，我们请他们列举他们认为在督导会谈中必须处理的关键议题。通过建立共识，我们组建了一支由11位督导专家组成的梦之队，这些专家不仅开创了督导的工作模型，也拥有多年的临床督导实践经验。

---

① 指"胜任力基准参照表（Competency Benchmarks Document；APA, 2007）"。——译者注

我们邀请每一位专家撰写一本简明的书，阐述他的临床督导方法模型。书中涵盖临床督导的基本维度与核心原则、方法与技术、结构与过程、支撑这一模型的研究证据，以及处理常见督导议题的方法。另外，我们请每一位专家用一个章节详细地描述一次督导会谈（包括真实会谈的逐字稿），以阐释督导的过程，这样读者就可以知道他们在真实的督导实践中会如何运用该模型。

除了写书，每一位专家还与一位受督者录制了一次真实的督导会谈，这样他就能实际演示他的方法。美国心理学会出版社将这些录像汇集成系列，读者可以在美国心理学会的网站找到对应的视频。书和视频可以结合使用，也可以分开使用；同样，整个系列可以结合使用，也可以分开使用。希望学习如何进行督导的读者、希望深化其知识的督导师、希望成为更好的受督者的受训者、教授督导课程的教师以及研究督导教学过程的研究者都可以从中受益。

关于本书

在本书中，伊丽莎白·霍洛韦从社会角色－关系文化视角出发，将影响督导过程的多个情境（contextual）因素整合在一起。从研究督导三方的个人和专业特征到研究他们之间的关系，她扩展了该模型，以涵盖使来访者、受督者和督导师得以发挥功能的系统和组织环境。她将上述的各个方面与专业心理学中基于胜任力的训练相结合。

以关系为核心,该模型中的督导师承担不同的功能(即评价者、指导者、榜样、顾问、咨询师),并提出与自身、受训者、关系和督导协议相关的关键问题,作为告知受督者其所需完成的学习任务(即咨询技能、个案概念化、专业角色与伦理、情绪觉察和自我评价)的一种方式。该模型就像一个精密的罗盘一般行使功能。将该模型运用于个案时,督导师知道他在任一特定时刻所处的位置,以及需要考虑哪些事项以保证督导的顺利进行。这是一个内容丰富且复杂的模型,但霍洛韦博士运用大量深入浅出的例子和清晰的写作风格,使其非常易懂。

无论您本人采用何种理论取向,这一互动性、合作性和动态性的系统方法模型都提供了一种共通语言(common language)和可视化路线图,以帮助督导师和教育工作者找到改进督导过程和解决治疗/督导困境所需要的关键因素。

感谢您的关注,我们希望本丛书能激发您的灵感并贴合您的实际工作。

汉娜·利文森(Hanna Levenson)
阿帕娜·G. 英曼(Arpana G. Inman)
("临床督导精要丛书"主编)

注释

1. Watkins, C. E., Jr. (Ed.).(1997). *Handbook of Psychotherapy Supervision*. New York, NY: Wiley.
2. Bernard, J. M., & Goodyear, R. K. (2014). *Fundamentals of clinical supervision* (5th ed.). Boston, MA: Person.
3. Bernard, J. M., & Goodyear, R. K. (2014). *Fundamentals of clinical supervision* (5th ed.). Boston, MA: Person.
4. Fouad, N., Grus, C. L., Hatcher, R. L., Kaslow, N. J., Hutchings, P. S., Madson, M. B., et al.(2009). Competency benchmarks: A model for understanding and measuring competence in professional psychology across training levels. *Training and Education in Professional Psychology*, 3(4 Suppl.), S5-S26.
5. Kaslow, N. J., Rubin, N. J., Bebeau, M. J., Leigh, I. W., Lichtenberg, J. W., Nelson, P. D., et al.(2007). Guiding principles and recommendations for the assessment of competence. *Professional Psychology Research and Practice*, 38, 441-51.
6. American Psychological Association. (2014). *Guidelines for clinical supervision in health service psychology*.
7. American Association of Marriage and Family Therapy. (2007). *AAMFT approved supervisor designation standards and responsibilities handbook*.
8. British Psychological Society. (2003). *Policy guidelines on supervision in the practice of clinical psychology*.
9. British Psychological Society.(2010). *Professional supervision: Guidelines for practice for educational psychologists*.
10. Canadian Psychological Association.(2009). *Ethical guidelines for supervision in psychology: Teaching, research, practice and administration*.
11. American Psychological Association. (2014). *Guidelines for clinical supervision in health service psychology*.
12. Rønnestad, M. H., Orlinsky, D. E., Parks, B. K., & Davis, J. D. (1997).

Supervisors of psychotherapy: Mapping experience level and supervisory confidence. *European Psychologist*, 2, 191-201.
13. Schön, D. A. (1987). *Educating the reflective practitioner: Toward a new design for teaching and learning in the professions.* San Francisco, CA: Jossey-Bass,

致　谢

首先，我想向汉娜·利文森和阿帕娜·G.英曼两位主编以及美国心理学会的出版团队表达我的谢意，是他们让"临床督导精要丛书"得以面世。设计一套包含现场督导录像的丛书意义重大，我想向参与该项目的每个人所付出的努力及其表现出的专业精神致以深深的谢意。在我本人参与的那部督导录像中，我很荣幸能与一位年轻的专业人士李灵（Linh Lee，音译）合作，她在本书第二章中充分展示了她对临床实践与督导的坦率态度和深刻洞见。我还想感谢本书第三章中那位匿名的受督者，我对她所展示出的勇气和决心记忆犹新。

翻阅本书，读者会发现许多描绘督导的系统方法的图。多年来，我一直在修改该模型的视觉呈现形式；就本书中出现的最新版本，我想感谢绘画艺术家亚当·格罗西（Adam Grossi），他对我的作品进行了富有创造性和时代气息的简洁诠释。最后，我想感谢那些富有智慧与学识的培训师、受督者和督导师，他们花费大量时间与我分享他们在实践中所体验到的挑战和乐趣。从许多方面来说，这本书是过去35年来这些富有成果的对话所结出的硕果。

目 录

引言 / 1
    跨越国界 3
    SAS 模型的旨趣 5
    理论基础 6
    本书结构 13

第一章 督导的系统方法的基本维度 / 15
    督导关系 19
    督导师与受督者 26
    督导的情境维度 32
    督导过程维度 36

第二章 督导过程案例展示 / 41
    来访者失约的行为模式 45
    咨询师的情绪觉察 50
    三角关系 55

文化身份认同 59
理论取向与组织指导政策 64

第三章　常见督导议题的处理　/　71

督导实践的机构 74
重要的受督者特征 76
来访者概况 77
对受督者学习任务的初步评估 78
督导协议 80
对受督者学习任务的后续认识 81
督导策略和学习任务 82
阶段 1：受督者个人价值观与来访者需求的冲突 .. 84
阶段 2：面质受督者的焦虑 88
阶段 3：挑战咨询师的反移情 91
阶段 4：处理受训者的阻抗 93
阶段 5：规划受督者的个人成长——教学还是治疗？ 98
小结 100
对督导的个案概念化 102

第四章　SAS 模型在督导教学中的应用　/　107

督导师的胜任力 109
教导督导师 111

受督者 116
　　来访者 117
　　实践设置 120
　　教学过程 122
　　督导会商案例 124

第五章　未来方向与结论　/　135
　　关于SAS模型的结束语 139

推荐读物　/　141

参考文献　/　145

引　言

督导是一种手把手的教学方法，它通过当下被一点一点地构建。在相当长的一段时期中，督导师需要对受督者负责；作为一种人际关系建构，督导具有相当大的关系强度。当我还是一名研究生的时候，我的督导实践激发了我探索这种教学方法的动机。在督导对话中，到底发生了什么？对一个正在学习成为治疗师的人来说，督导中的哪些事件是至关重要的？我在工作的头10年里从事了大量相关研究，包括记录、转录和分析督导对话（the talk of supervision）。从这些研究中得出的实证结果相当有趣且信息量丰富，还推翻了一些对督导过程的假设。例如，研究结果显示，无论从角色、态度还是行为上看，对新手的督导在很大程度上是一种师生关系。具体而言，这些督导互动的特征是：督导师提出他们的看法和建议，而受督者提问，以澄清、扩展以及赞同督导师的看法。

然而，这些研究督导对话的方法虽然意义重大，却忽略了我作为督导师的相当大一部分经验。例如，当我设计培训方法时，或是当我应对与受督者之间的相当激烈的互动时，我是如何看待督导的？我所使用的实证方法并没有揭示出从我的经验中浮现的问题。因此，我想寻求一种方法来揭示督导对话。督导师对自己的角色与行动有什么看法和态度？受督者在培训的不同阶段需要什么？他们如何命名他们的需要？这类问题引发了我的探索：研究督导师和受督者对其督导过程经验的反思。

我又再次开始访谈，记录并分析督导话语（discourse），但使用的是一种定性方法——扎根理论，一种进行文本分析的建构主义定性方法——通过参与者本人的回忆和表述，揭示浮现出的对现象的理解。这项研究使我有机会探索督导师和受督者的隐性知识（tacit knowledge）或实践智慧。结合我早期在话语分析和后来在扎根理论方面的研究，我对督导过程和实践开始形成更全面的理解，并逐步发展出督导的系统方法（the systems approach to supervision，SAS）。

我在欧洲和亚洲教授 SAS 模型时遇到的许多教育工作者与培训师对该模型的发展也起到了同等重要的作用。我记得 20 世纪 90 年代初，我在英国首次开设工作坊，第一次茶歇时泰里·斯派（Terri Spy）直盯着我并问："好吧，你把它写好了吗？"我当即就明白他说的"它"指的是一本关于督导的书。然而直到两年之后，我才终于能够大声回答他："是的，泰里，书已经写好啦！"（Holloway，1995）然而，这不是件一劳永逸的工作，因为随着我和其他 SAS 培训师继续从事督导实践，该模型开始发生变化，以适应不同的督导情境，并逐渐成为跨专业的指导和训练指南。

根据 SAS 模型，督导过程由七个以或明显或微妙的方式相互影响的维度或系统组成。这些系统包括督导师、受督者、受督者的学习任务、督导师的功能、来访者、组织,以及督导关系。之后的章节会深入讨论刚才提到的每一个维度。在引言余下的篇章中,我想梳理一下 SAS 模型的历史与发展,讨论该理论的作用,并简要概述本书每一章的内容。

跨越国界

在创建 SAS 模型之初,我想设计一个普遍适用于美国国内外督导情境的督导教学和实践的理论模型。尽管美国的咨询心理学项目在 20 世纪后半叶主导了督导的研究和培训,但在过去 20 多年间,澳大利亚、新西兰和欧盟国家的督导理论与研究飞速增长。1991 年在伦敦召开了第一次跨专业督导问题专题研讨会,并成立了英国督导实践与研究协会(British Association of Supervision Practice and Research)。随后的 1992 年,德国汉诺威 INITA 培训学院举办了国际督导大会。

在英国和欧洲,督导变成一个专门的研究和教学领域。不仅是临床专业,许多其他专业也会教授督导。例如,在瑞士,督导认证由独立的培训机构提供,这些培训机构设计的课程符合官方的要求。来自不同实践领域,包括社会工作、心理学、教育学、医学和商业领域的专业人士,可以参加 1~2 年的课程,以获得督导认证。欧洲国家督导组织联合会(Association of

National Organizations for Supervision in Europe）成立于 1997 年，旨在提供一个平台，通过过程取向的会商①，就与督导有关的培训方案、研究和理论交流意见。许多欧洲国家（如英国），要求对临床实践进行终身督导，因此其督导模型强调督导的支持性（supporting）[或修复性（restorative）]、辅导性（coaching）和会商性（consulting）作用。相比之下，美国的督导模型是为培训中的治疗师设计的，从见习生阶段到住院临床医师阶段②，因此必须包括行业把关和评价的功能。

1988—2006 年，我有幸在英国与欧洲的培训机构和大学举办多个工作坊，这些工作坊极大地影响了 SAS 模型的发展。在这里我特别想提及来自这些国家的督导理论和实践的先行者：英国的迈克尔·卡罗尔（Michael Carroll）、玛丽亚·吉尔伯特（Maria Gilbert）、布里吉德·普罗特尔（Brigid Protor）和朱莉·休森

---

① 根据弗兰德和谢弗兰斯科（2020）所著的《心理学工作中的会商——基于胜任力的方法》(*Consultation in Psychology: A Competency-Based Approach*; pp. 12-13)，会商（consultation）指两位或两位以上的专业工作者进行互动的过程。互动双方分别是：咨客（consultee)，他有一个具体的与其工作相关的议题、疑问或问题（如评估、治疗、干预、管理、组织过程、政策或专业服务的实施）；顾问（consultant)，则是问题相关领域的专家或拥有某项相应的胜任力。顾问并不为来访者负责，咨客自行决定是否采纳顾问的意见，并承担所有相关责任。在咨客的请求下，顾问可以结合会商目标和来访者需要，为来访者提供某种直接服务。例如，儿童心理咨询师接待的某位儿童患有某种影响其心理功能的身体疾病，且有口吃的问题，咨询师可以与儿科医生和语言矫正师进行会商，并为了来访者的身心健康，与儿科医生和语言矫正师一起与来访者工作。——译者注

② 根据"胜任力基准参照表"，一位心理学工作者的专业发展被划分为见习、实习和实践准备（entry to practice）三个阶段/水平，每个阶段对应着不同的胜任力标准。这里的住院临床医师对应的应是实践准备阶段，处于该阶段的心理学工作者基本可以脱离督导并申请行业执照。——译者注

图书垂询：18610088465（微信同号）

/ 为亦图书，陪伴您的专业成长 /

万方微店

万方教育微信公众号

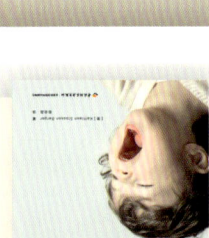

（Julie Hewson），瑞士的威廉·拉默斯（Willem Lammers），德国的马蒂亚斯·塞尔斯（Mathias Sells），以及荷兰的卡琳·范·贝坎（Karin Van Beekum）。多亏了他们，本模型才能涵盖各类不同的专业设置。因此，SAS模型受到了来自美国和欧盟国家的影响，并发展成为一种可以为受训的受督者提供督导或为资深的咨询师提供会商性督导的模型。

SAS模型的旨趣

SAS模型（Holloway，1995）的旨趣在于通过提供一个基于实证、理论与实践知识的框架来指导督导教学和实践。那些一直被视为影响督导过程和效果的显著因素（Bernard & Goodyear，2014；Holloway & Neufeldt，1995；Russell，Crimmings & Lent，1984）被用来构建一个动态模型，该模型可以辅助对受督者的学习需求和督导师在不同情境下的教学性干预进行系统评估。该模型可以作为个体从业者思考两难困境、进行个案会商或进行督导培训的参考框架。它提供了一种系统性地使用案例教学法（case method）的策略，首先呈现来访者和受督者的发展史，有时还附上督导互动的具体事例，然后对督导情境进行概念化，并提出干预的建议。该模型试图为持有不同理论取向观点的督导师和教育工作者提供一门共通语言，以理解什么是督导。该模型旨在提出一个问题——我们作为督导师都做了些什么,而不是告诉督导师应该怎么想、怎么做。

SAS框架为教育工作者和从业者提供了四项支持性内容,以帮助他们发现自身的观念、态度、决策和行为:(1)一个描述性基础;(2)说明共同目的和目标的指南;(3)一种揭示与参与者和专业相关的意义的方法;(4)一种系统的探究(inquiry)模式,以确定督导期间互动的目标和策略。

理论基础

在过去的70年里,专业心理学领域中的督导实践理论模型激增,萌芽于新手精神分析治疗师接受的长程精神分析。到了20世纪60年代,早期的督导模型被视作一种区别于心理治疗的教学活动,但经常使用与心理咨询相同的理论方法。因此,督导模型通常以与其对应的咨询理论来命名,如理性情绪督导、来访者中心督导、社会学习,以及工作同盟[Goodyear, Bradley & Bartlett, 1983;也可参见本丛书中的一些分册,如Sarnat(2016)[①]]。这些模型建立在这样的假设之上:咨询实践的训练方法必须与咨询方法相同。

[①] 即本丛书中的《心理动力学治疗督导精要》(*Supervision Essentials for Psychodynamic Psychotherapies*),此书简体中文版将由中国轻工业出版社于2024年出版。——译者注

尽管这些基于咨询的方法很突出,但到了20世纪80年代初,咨询心理学界的少数学者开始低语:督导必须被视作一项涉及不同于咨询的胜任力和技能的实践活动(praxis)(Holloway, 1984; Kagan & Kagan, 1990; Loganbill, Hardy & Delworth, 1982; Stoltenberg & Delworth, 1987)。霍洛韦及其同事(Holloway, 1992; Holloway, Freund, Gardner, Nelson & Walker, 1989; Holloway & Poulin, 1995; Holloway & Wolleat, 1981),施托尔滕贝格及其同事(Stoltenberg, McNeill & Crethar, 1994; Stoltenberg, McNeill & Delworth, 1998),以及弗里德兰德、拉达尼及其同事(Ladany & Friedlander, 1995; Ladany & Lehrman-Waterman, 1999)在20世纪80年代和90年代发表了一系列具有说服力的研究,证实了这一论点。SAS也随着第二代督导模型出现,并成为督导中社会角色运动(social role movement)的一部分。

社会角色理论基于以下假设:督导师会从与教学领域相关的若干潜在角色中进行选择。最广受认可的、与督导实践相关的督导师角色是教师、咨询师和顾问,最初见于贾妮娜·伯纳德(Janine Bernard, 1979)提出的区辨模型(discrimination model);除此之外,还有诸如评价者、讲师和榜样的角色[由艾伦·赫斯(Alan Hess)于1980年首次提出]也被用来描述督导师的行为与态度。通常,督导的角色理论概述了一系列期待和行为,它们被视为督导关系的一部分——更确切地说,被视为督导师所有角色的一部分。过去50年间的大量研究验证了社会角色理论与督导实践概念化的相关性（Bernard，1979；Byrne & Sias，2010；Ellis & Dell，1986；Ellis，Dell & Good，1988；Gysbers & Johnston，1965；Hart & Nance，2003；Luke，Ellis & Bernard，2011；Stenack & Dye，1982）。从1965年吉斯伯斯和约翰斯顿（Gysbers and Johnston）的研究［他们要求督导师和受督者根据"督导师角色分析表（Supervisor Role Analysis Form）"做出回答］，到近期伯恩和赛厄斯（Byrne & Sias，2010）对督导风格的研究，经验与实践都证明了督导师的功能和行为与其子角色（subrole）的一致性。结合心理治疗督导研究中的社会角色传统，SAS模型纳入了督导师的五个子角色：评价者、指导者、榜样、顾问和咨询师。

SAS模型有别于其他模型的特征是其对督导采用的社会角色方法；然而，在督导实践中，这一模型需基于督导关系来教授高度复杂的治疗实践技能。督导是一种高张力、高要求的关系，需要督导双方在各自角色范围内的充分参与。SAS模型中"关系"的理论基础是符号互动论（Blumer，1969）、社会角色理论（Blumer & Morrione，2004）和关系-文化理论（Jordan & Walker，2004）。因此，它尊重这些理论所提出的原则，同时将它们整合为一种用来指导临床实践的实用性启发式（pragmatic heuristic）方法。

符号互动论由三个相互依存的结构组成：自我（self）、世界（由他人所代表）和社会行动。自我通过与由他人和事件所代表的世界进行社会互动来创造意义。产生"自我感（sense of self)"的关键是作为行动反思者（reflector of action）的"主我（I）"和作为自我反思对象（the object of self-reflection）的"客我（me）"之间的动态相互作用（Mead，1934）。鲍尔斯（Bowers，1988）描述了与其他本体论立场相反的符号互动论的基本原则，他认为：

> "主我"是自我中主动的、互动的、动态的、做解释的部分……自我不是简单地通过内化外界的期待来扮演的某个角色，而是由先前经历过的、并由主我解释过和整合过的所有社会互动积累而成。（p. 38）

督导中的学习同盟的本质便是通过社交参与，提升反思性的、动态的和互动的自我与他人的社会互动。尽管受到外部定义的社会角色的期待的引导，督导师仍以其独特的方式解释和表达这些期待。此外，督导师鼓励受训者积极反思与整合在咨询和督导关系中出现的、与咨询师角色相关的互动。因此，关系成为体验与理解在由组织工作、来访者需求和督导行动所构成的复杂系统中发生的社会过程的核心工具。

督导关系的性质取决于联结性关系（connected relationship）在改善人类处境和学习体验方面的重要性。这种将关系理解为一种兼具治疗性和学习性的环境的观点，基于关系－文化理论（Jordan，1997；Miller，1976；Miller & Stiver，1997）和于同时期提出的"联结性认知（connected knowing）"理论（Belenky et al.，1997）。

米勒和斯蒂弗（Miller & Stiver，1997）在临床背景下工作，他们强调"在联结中成长"和"促进健康成长的关系"的重要性。他们的工作对关系中的"影响的权力（power with①）"［而非"支配的权力（power-over）"］、相互性②（mutuality）以及文化存在（cultural presence）的重要性进行了概念化。他们认为，当人们在关系中建立真诚的联结时，会产生五种能促进成长的基本特质：热情、行动、知识、价值和对更多联结的渴望。关系-文化理论中关于"促进成长的关系（growth-enhancing relationship）"的概念以及文化理解的重要性对于 SAS 的视角至关重要，即构建一个允许受督者学习并成长为专业人士的关系环境（Schwartz & Holloway，2012，2014）。

---

① "power to""power-over"和"power with"是社会学提出的一组概念。power to（改变的权力，也译作"能力"）意指影响现实的能力，达尔（Dahl, 1950）将其定义为："我让你做你原本不想做的事情，这是我的'能力'，也就是权力。"power-over（支配的权力，也译作"支配"）意指在等级制度和胁迫性环境中的强迫和支配，可以是超越个人的、匿名的。power with（影响的权力，也译作"与人协作"）意指在相互认为平等的人之间的非胁迫性影响。——译者注

② 《APA 心理学词典》（*APA Dictionary of Psychology*, APA, 2015）将相互性定义为：（1）处于关系中的伴侣将彼此视为二元关系中的一分子而非独立个体的心理趋势；（2）在相互依赖理论（interdependence theory）中，伴侣平等地依赖彼此的行为以获得理想结果的心理趋势。朱迪斯·乔丹（Judith Jordan）所著的《关系文化治疗》（*Relational Cultural Therapy*，2012）对相互性及其表现做了大量描述，包括相互依赖、相互卷入、相互影响、相互共情、相互尊重、相互授权、相互有利、相互改变、共同责任、共同成长等，并强调相互性并不意味着力量的均衡和角色的统一。总之，相互性的核心在于"相互""共同"和"相对平等"。——译者注

SAS对关系的概念化也反映了贝伦基（Belenky）及其同事（1997）的工作，他们强调联结而非分离（separation）在人类学习中的重要性，而教育者作为学习伙伴可以"鼓励学生根据他们所追寻的问题发展自己的工作模式"（p. 229）。这种合作解决问题的方法是案例教学法的基础，而案例教学法是督导实践不可或缺的一部分。在关系中产生的这些特质创建了一个能够抱持（hold）激烈的情感、冲突以及文化价值观和经验上的差异的学习同盟。这些特质也正是在学生与教师学习和示范治疗师专业角色的关系中，维持信任纽带和人际关系敏感度所需的特质。

督导对双方参与者来说都是一种挑战智力的体验。可能有人会问，增进情感的关系如何有助于提升对复杂角色的学习？弗雷德里克森和洛萨达（Fredrickson & Losada, 2005）致力于研究人际关系的智力共同体（intellectual communities of human relationships）的产生。与督导实践尤其相关的是良好的感受（即积极情绪、心境和感情）会扩大注意力范围、扩展行为范围、提高直觉和创造力。这些都是创造、参与和理解治疗关系的复杂情感结构的关键属性。在心理治疗实践的教学中，弗雷德里克森的建议尤为重要，即积极的情绪状态会促进智力功能的提高。

然而，积极的情绪状态并不是学习和联结的唯一可能途径，因为在任何健康的关系中都会出现分歧和冲突（Miller & Stiver, 1997）。为了建立和促进督导关系，使之符合关系–文化理论和联结性认知的理论原则，督导师必须考虑来访者和咨访关系，以及督导师的情绪状况和督导关系。在 SAS 督导中，通过明智而审慎地使用关系角色，关系中相互联结的牢固基础为积极的专业成长、反思、知识、技能和心理复原力（resiliency）提供了机会。

SAS 模型的此次修订也受到了近期专业心理学围绕基于胜任力的培训的政策制定的影响。整个专业心理学领域都在推进胜任力运动，通过各种专业会议发表了一系列论文，确定了督导胜任力以及这些胜任力的教育、培训和评估方法（例如，Falender et al.，2004）。在这场运动中，弗兰德和谢弗兰斯科（Falender & Shafranske，2004，2006）以及皮林和罗思（Pilling & Roth；引自 Fuertes，Spokane & Holloway，2012）一直是发展基于胜任力的督导模型的杰出学者。

作为教授如何实践的一种主要教学方法，督导与胜任力运动密切相关，它不仅是一项功能性胜任力，还是教授基础性胜任力的主要或次要方法[1]。例如，在美国，督导的功能性胜任力范围内确定了六项基本实践要素[2]（Fouad et al.，2009）：期待和角色、过

---

[1] 根据"胜任力基准参照表"，基础性胜任力包含：反思性实践的自我评估、科学的知识－方法、关系、个体－文化的多元化、伦理－法律的标准规范和跨学科体系六项内容；功能性胜任力包含评估与诊断案例的概念化、干预、会商、研究／评价、督导－教学和管理－行政六项内容。——译者注

[2] 福阿德等（Fouad et al., 2009）对这六项基本实践要素在实践准备（见前面的译者注）水平上的描述如下——期待和角色：理解督导师角色的复杂性，包括伦理、法律和文化背景的问题；过程和程序：具备督导的程序与实践的知识；技能发展：对自己与受督者的临床关系以及受督者与其来访者的关系进行专业性反思；对影响特质的因素的觉察：在督导实践中，理解其他个体和群体以及两者多样性上的交叉维度，能够对自我在治疗和督导中的角色进行反思；参与过程：对于常规个案，能够独立地向他人提供督导；伦理和法律问题：掌握与应用相关的伦理、法律和专业标准及准则。——译者注

程和程序、技能发展、对影响特质的因素的觉察、参与过程，以及伦理和法律问题。因此，清晰描述每一项胜任力的最佳实践，以便对其进行评估，已成为督导师教育的重要组成部分（Kaslow et al., 2009）。进入 21 世纪，是时候根据当前对督导胜任力的思考重新审视 SAS 了。

本书结构

本书适用于从事督导工作的教育工作者和实践者。第一章描述了 SAS 模型的七个维度，包括一些视觉辅助图形，用以描绘在实践中每个维度是如何相互交叉的。第二章展示了如何运用 SAS 过程分析督导实例，该实例出自我为美国心理学会的《心理治疗督导的系统方法》（*Systems Approach to Psychotherapy Supervision*）光盘录制的视频[1]。被节选的会谈用于阐明督导工作中的关键时刻。此外，还加入了我在本丛书主编阿帕娜·英曼的引导下对本次督导会谈进行的回顾性反思（也可见于上述视频），以更好地表述我做出的与 SAS 模型相关的基本决策过程。第三章是一个深入的个案研究，展示了我与一名受训咨询师的工作，以及在我们的关系中我的参与和我对她的干预的意义。我用了一段颇为尖锐的（poignant）会谈来说明基于督导关系的质量和受督者的技能发展水平，如何使用 SAS 模型来指导干预措施和时机的选择。第四章将 SAS 方法应用于督导教学,并通过练习和案例分析对所讨论的内容进行了说明。在第二、第三和第四章中,我努力将在临床督导和督督导中常见的督导困境置于焦点下。第五章为督导研究和实践提供了未来方向,并为学习督导的学生提供了推荐读物[2]。

注释

1. 想要获取更多信息,请访问美国心理学会的网站。
2. 本章的部分内容首次发表在《国际临床督导手册》[*The International Handbook of Clinical Supervision* (pp. 598-621), by C. Watkins Jr. and D. L. Milne (Eds.),2014,West Sussex,England: Wiley Blackwell. Copyright 2014 by Wiley Blackwell]上。经许可转载。

第一章 督导的系统方法的基本维度

督导的系统方法（SAS）模型旨在为督导师提供一张可视化路线图，以便他们有意识、有策略地考虑可能影响教与学的诸多因素。此外，SAS 也是一种尝试，希望为不同理论取向的督导师和教育者提供一门共通语言，以及一个能展示诸多概念及其相互关系的视觉表征，以理解督导到底是什么。SAS 已被翻译成四门语言（汉语、德语、希伯来语和葡萄牙语），并被教授给来自四大洲的受训者，这证明了该模型的易学性、启发性及其吸引力。图 1.1 显示了完整的模型，并分别描述了模型所包含的七个维度的属性。本章将介绍督导的维度以及支持将这些维度纳入模型的实证证据。

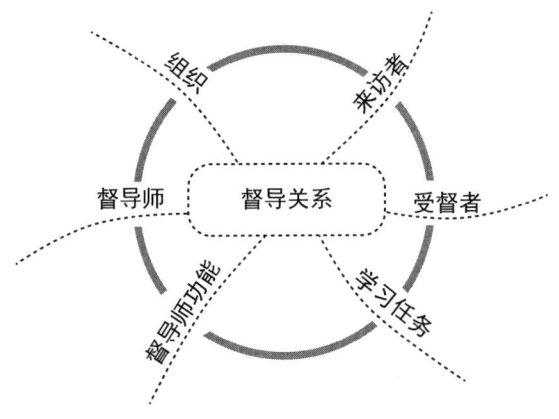

图 1.1　督导的系统方法的七个维度

From *The International Handbook of Clinical Supervision* (p. 603), by C. Watkins Jr. and D. L. Milne (Eds.), 2014, West Sussex, England: Wiley Blackwell. Copyright 2014 by Wiley Blackwell. Adapted with permission.

SAS模型包含包括核心维度——关系在内的七个维度（或因素）。每个维度的建立都基于对该领域实证性、理论性和实践性基础知识进行的全面综述和概念聚类（conceptual clustering）。在图1.1中，有六个维度环绕着中心的圆圈，它们都指向督导关系这一核心维度。左右两翼的维度是对建立关系来说最重要的两个维度：督导师和受督者。底部的两个维度是受督者的学习任务和督导师的教学策略。顶部的两个维度是情境因素——来访者和组织，它们会影响关系，并影响在实施教学策略和任务时展开的过程。模型的各个组成部分都是动态过程的一部分，它们相互关联并相互影响。无论是培训师、顾问还是督导师，对这些概念维度进行反思都可以帮助他们提出一些引导性问题，以更全面地理解关系在促进个体的人际学习和专业技能方面的作用。尽管SAS模型被归类为社会角色模型，但从图中可以明显看出，形塑督导的系统情境对该模型来说至关重要。该模型表明，督导师的决策和行动内嵌于（embed in）系统中，总是有意识或无意识地与系统相关。其他作者也使用系统式模型进行督导，尽管每个模型都包含一些独特的要素，但它们全都纳入了情境、系统内的组成部分以及所有组成部分间的动态相互作用：它们相互依赖，并对其他组成部分的影响和变化做出反应（例如，Burck，2010；Burck & Daniel，2010；Burnham，2010；Schilling，2005）。

督导关系

督导关系是在督导师和受督者之间建立的学习同盟的核心。这种关系创造了一个抱持的环境,让受督者作为一名发展中的专业人士,能够在其中进行反思并成长。理想情况下,督导关系是一种促进成长的关系,遵循积极心理学和关系－文化理论的原则。它不仅为学习创造条件,还示范了对于治疗关系来说必不可少的关系和人际特质。受督者有机会在一个他们能充分参与的学习环境中,通过体验与反思自己的人际行为和情绪反应来进行学习。这是督导的一个重要目标,因为学习成为一名治疗师需要对自己和他人进行觉察,还需要对自己的人际行为和行动负责。福里斯特(Forrest)及其同事发表了大量与咨询师的人际胜任力相关的文章(Elman,Forrest,Vacha-Haase & Gizara,1999;Forrest,2008,2010;Forrest,Miller & Elman,2008;Johnson,Barnett,Elman,Forrest & Kaslow,2012),并支持了在关系的背景中进行情绪反思的重要性。重要的是,人际关系觉察和人际技能现已纳入咨询心理学工作者的胜任力基准之中(Kaslow et al.,2009)。

督导在认识和发展这一胜任力领域方面起着至关重要的作用,该领域有可能扩展一个人在参与由来访者所呈现的各种社会情境时对自我的整体理解。这种自我学习内嵌于关系结构中,要求个体对关系的过程、调整、修复和维持保持觉知。关系的间隙空间(interstitial space of the relationship)是自我知识与他者知识相互传达和交涉的场所；它是一个充满风险和机遇的场所。具有这些关系－文化理论特征的关系可以极大地帮助学生接受心理治疗师的角色复杂性和技能。

在 SAS 模型中，有三个基本要素引导对关系的形成和关系质量的理解：（1）关系的人际结构，如对督导师五个子角色的权力和参与度的描述；（2）关系的发展阶段；（3）督导的学习协议。这些都是基于督导的实证研究结果做出的理论构念（见 Inman & Ladany, 2008; Inman et al., 2014）。运用这三个有组织的构念来描述关系的关键影响，为区分产生影响的不同关系要素提供了一种方式（见图 1.2）。

关系的人际结构

权力和卷入（involvement）是两个对理解督导关系的结构非常有帮助的构念。这两个构念被社会心理学和人格心理学用于理解正式与非正式关系的交互作用以及支配关系的内隐规则。福利特（Follett, 1941）引入了一个多元和动态的概念——影响的权力，来表征人类互动不断演进的过程。福利特提出的这一权力的替代性构念基于共同参与和相互影响的关系，与关系－文化理论研究发现的更新近的构念"相互性"有些类似。卷入也可能涉及包括依恋在内的亲密关系，涉及每个人在多大程度上将他者作为自我确认的来源（Miller, 1976）。这些权力的基本原则符合心理治

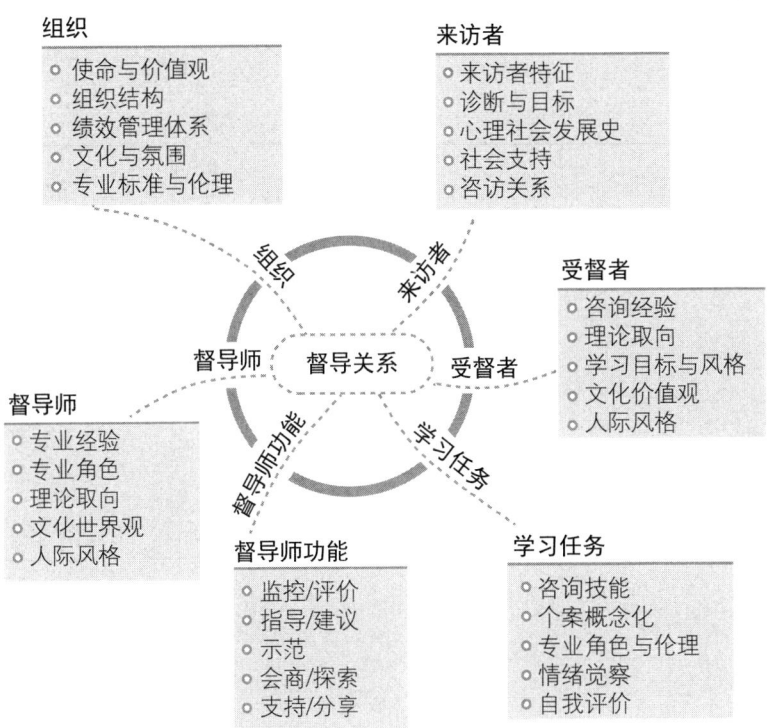

图 1.2　督导的系统方法的维度和影响因素

From *The International Handbook of Clinical Supervision* (p. 603), by C. Watkins Jr. and D. L. Milne (Eds.), 2014, West Sussex, England: Wiley Blackwell. Copyright 2014 by Wiley Blackwell. Adapted with permission.

疗和督导的理想：目的不是控制，而是赋予个人行使选择和自我决断的权力。

关系中这种"影响的权力"定位与督导师的某些职责（如传授专家知识、评判受训者的专业表现，以及在治疗师培训阶段的临床督导中充当专业把关人）是相冲突的。所有这些职责都增加了建立一个能对受督者作为专业人士进行赋权的增强型学习环境的复杂性。一方面，这些评价的和"专家"的角色可能会建立一个依赖于支配的权力的等级（hierarchical）关系结构。但另一方面，要建立一个鼓励坦诚、脆弱性和信任的学习同盟，又需要关系的影响的权力取向。

关系特质中支配的权力与影响的权力的存在给临床督导师带来了很大程度的不安，因为在监控受训者的胜任力（以确保来访者的安全）与支持受训者的成长之间存在张力。社会角色模型通过一系列被即时的督导过程、受训者的学习需求和来访者的福祉激活的督导师子角色，描述了权力的转移和关系中的参与。作为督导师，我们在监控者、指导者、榜样、顾问和导师这些经常相互发生冲突的角色之间维系着一种关系的张力，我们需要用一只细腻而坚定的手来指导受督者完成治疗工作对智力和情感的要求。

评价受训者的职责和支持其发展的职责看上去是冲突的，文献也经常就这一点产生争论（例如，Baltimore，1998；Burns & Holloway，1990；Frawley-O'Dea，1998；Itzhaky & Itzhaky，1996）。从实证角度，研究者使用不同的权力模型研究了权力和参与对督导过程的影响，以理解受督者如何感知权力。督导研究中有三种常用的描述督导师权力的方法：弗伦希和雷文（French & Raven，1960）的社会类型学（sociological typology）模型（另见Robyak，Goodyear & Prange，1987），斯特朗、希尔斯和纳尔逊（Strong，Hills & Nelson，1988）的环丛模型（circumplex model），以及彭曼（Penman，1980）的沟通矩阵（communication matrix；另见 Holloway, Freund, Gardner, Nelson & Walker, 1989）。总的来说，研究已经证实权力的转移取决于督导师在关系中行使不同的功能角色。例如，督导师需要对受训者进行评估，对专业进行把关。在这一角色中，受训者感知到的是督导师的支配的权力。而当督导师与受训者合作、进行个案会商时，更多被受训者感知到的是影响的权力。这些实证结果会影响督导师的子角色或功能的选择和安排，这一点我会在第三章详细讨论。

关系的阶段

米勒和凯尔（Mueller & Kell，1972）对督导关系的建立、成熟和结束阶段的概念化（见表 1.1）能启发对不断演进的阶段的理解。随着督导关系的发展，参与者会尝试使用更多与个人相关的、人际间的、心理的和差异化的信息来减少人际关系中的不确定性，并试图预测彼此的行为。随着新信息的加入和对关系的重新定义，相互性的缺乏可能导致关系危机。如果不能达成相互性或对关系的定义达成共识，关系通常会终止（Morton, Alexander & Altman, 1976, p. 105）。

表 1.1　督导关系的阶段

建立阶段	成熟阶段	结束阶段
澄清关系	增加个性化的关注	理解与特定的来访者有关的理论、研究和实践之间的联系
达成协议	增强社会联结与影响潜力	巩固在循证实践中获得的知识
支持过程	发展个案概念化的技能	减少对督导师指导的需求
发展胜任力	增强自信与自我效能感	增强对专业角色的反思
制订治疗计划	面质与专业表现相关的个人议题	结束关系的经验与技能

在一项扎根理论的研究中，拥有 5～20 年经验的专业咨询师被问及什么造就了良好的督导，而他们将相互性确认为一个核心维度（Holloway，1998）。其他研究考察了督导关系中随时间变化的沟通模式［参见 Holloway & Poulin（1995）对话语分析的综述］。韦德金和斯科特（Wedeking & Scott，1976）发现，从关系的开始阶段到结束阶段，督导师传递的信息发生了变化。此外，使用微观分析技术（microanalytic technique）进行的个案研究（Garb，1989；Martin，Goodyear & Newton，1987；Strozier，Kivlighan & Thoreson，1993）探究了关系阶段与督导行为之间的联系并指出，随着督导关系的发展，受督者表现出的恭敬逐渐减少。

在建立治疗关系时非常重要的真诚、共情和无条件积极关注等助长条件，在建立督导关系时同样重要，尤其是在关系初始。

像来访者一样，受训的治疗师需要先感觉到安全、被支持、信任他们身处的环境，然后才愿意去冒险、进行自我反思、实践新行为并积极寻求反馈。更成熟一些的受督者能根据以往的经验对督导关系进行预设，能依靠自身已有的对督导角色的一般性预期，缓解不确定性带来的不适和对确认（reassurance）的需要。因此，他们能够更快地建立对人际关系的明确期待。相比之下，新手受训者可能仍在学习对自己及对督导师的角色期待，因此还无法快速进入督导人际关系。无论受训者的经验水平如何，似乎都会经历一个自然的关系阶段；在这个阶段中，参与者需要熟悉由督导师和督导情境设定的角色期待（Rabinowitz，Heppner & Roehlke，1986）。建立熟悉感的初始阶段有助于减少关系中的模糊性和不确定性，并强调需要为督导工作制定明确的协议。

督导协议

每位督导师和受督者对督导中的角色与功能都有不同的期待。与任何工作关系一样，能否澄清这些期待会直接影响关系以及具体学习目标的确立。督导师有责任确保受督者清楚了解关系中的评价部分、督导的期待和目标、评价标准以及督导中的保密限制。因斯基普和普罗克特（Inskipp & Proctor，1989）以及其他学者（Hewson，1999；Schilling，Jacobsen & Nielsen，2010）认为，督导协议对于建立合作性的督导关系至关重要。督导师和受督者不仅需要协商具体的任务，还需要定义关系的过程参数。通过开放的和有目的性的行动，督导师提高了双方行为符合既定期待的可能性，并形成能提升督导效果的、坚实的督导同盟（Inman et al., 2014）。

在任何关系的初始阶段就规范、规则和承诺进行协商，可以减轻焦虑，并将参与程度提升到信任水平，从而使完成任务所需的脆弱性更容易被展示出来。此外，督导师必须对关系的变化保持警觉，并在觉察到变化后与受督者讨论新的目标和对关系的新的期待。不仅受训者的学习需求会随其经验的增加或来访者的进展而发生变化，而且受训者不断增长的技能和对人际互动的自信也会影响其对关系的掌控。研究证实，对于受训者，尤其是初学者来说，在评估的各个阶段澄清角色期待并详细说明基于胜任力的期待，对他们大有助益（Friedlander, Keller, Peca-Baker & Olk, 1986; Holloway, 1998; Ladany, Brittan-Powell & Pannu, 1997; Ladany & Friedlander, 1995; Muse-Burke, Ladany & Deck, 2001; Olk & Friedlander, 1992）。

督导师与受督者

每一段督导关系都是独特的，它由聚在一起共同创造学习体验的人所塑造。每一段关系都是独一无二的，随着彼此的熟悉慢慢酝酿和展开。尽管如此，还是有一些被普遍接受的对督导师和受督者的角色期待。这些角色期待源自多处，如专业指南、专业表现胜任力、理论概念化和实证研究结果。SAS模型对实证研究和理论研究文献中与督导过程有关的专业因素及个人因素进行了分类。图1.2展示了针对督导师和受督者的五个相关领域或因素。下面将讨论与督导师因素和受督者因素相关的实证证据。

督导师因素

督导师为督导关系带入了一种看待人类行为、人际关系和社会组织的独立方式，所有这些都在很大程度上受到文化社会化（cultural socialization）的影响。督导师的观点和经验由五个因素来描述：专业经验、专业角色、治疗的理论取向、文化世界观和人际风格。纳入这些因素均基于实证文献（见图1.2）。由于"专业性"和"心理健康"的定义与文化视角有关，SAS模型将文化价值观嵌入督导师的态度和行动中。文化特征，包括性别、族群、种族、性取向、宗教信仰和个人价值观，强烈影响着个人的社会和道德判断。督导关系中的这些细微差别有时相当微妙，但它们始终是督导工作的关键方面。督导关系中相互性和情绪觉察的可能性为教授和学习遵循文化的治疗的重要性提供了独特机会（Bernard & Goodyear, 2014; Burkard, Knox, Hess & Schultz, 2009; Constantine, Warren & Miville, 2005; Ladany, Friedlander

& Nelson, 2005)。

SAS模型旨在鼓励督导师认识文化因素在督导中的重要性，并关注这些议题如何与其他的情境因素相互作用。例如，对来访者进行治疗时，文化差异是否被认为是重要的？组织是否将文化敏感性视为专业发展的一部分？模型中其他的督导师因素——经验水平、理论取向和人际风格——与受训者对督导的满意度相关（Bernard & Goodyear，2014；Holloway，1992；Inman et al.，2014）。实证研究表明，督导师在咨询和督导方面的经验多少似乎与督导师在自我表露、受训者表现和督导教学方法的选择上做出的判断有关（Stoltenberg，McNeill & Crethar，1994）。

与助长性的行为、督导会谈的计划和对受训者专业表现的评判有关的督导师经验也得到了研究（Marikis，Russell & Dell，1985；Stone，1980；Sundland & Feinberg，1972；Worthington，1984a，1984b）。这些研究表明，督导经验使督导师不会对受训者进行整体的人格评判，从而能够聚焦于可能影响受训者表现的情境特征。

督导师的理论取向对督导行为的影响一直是许多研究的主题（Beutler & McNabb，1981；Goodyear，Abadie & Efros，1984；Goodyear & Robyak，1982；Guest & Beutler，1988；Sundland & Feinberg，1972）。霍洛韦等人（1989）研究了古德伊尔（Goodyear，1982）的录像，并得出结论：督导师的理论取向与被感知到的督导师行为差异以及实际的督导师话语差异有关。戈德伯格（Goldberg，1985）认为，督导师的人格或性格风格及其理论取向，是影响督导师行为的最重要因素。有关督导师理论取向与督导方式的相关性的研究有力地支持了戈德伯格的主张（Carroll，1994；Putney，Worthington & McCullough，1992）。研究文献通过多种研究工具测量了受训者感知到的督导师人际风格，如督导工作同盟（supervisory working alliance，SWAI；Patton & Kivlighan，1997）、《督导关系问卷》（Supervisory Relationship Questionnaire，SRQ；Palomo，Beinart & Cooper，2010）、《督导问卷》（修订版）（Supervision Questionnaire-Revised，SQ-R；Worthington & Roehlke，1979）以及《督导风格清单》（Supervisory Styles Inventory，SSI；Friedlander & Ward，1984）。这些工具已被广泛运用于理解关系质量，如督导师的沟通方式、任务导向、信任、人际敏感度、助长条件、评价过程、对冲突解决的看法、自我反思、技能获得与个人成长等诸要素之间的联系（见多位研究者的综述：Ellis，Ladany，Krengel & Schult，1996；Ladany，Ellis & Friedlander，1999；Muse-Burke et al.，2001）。

受督者因素

在SAS模型中，由实证文献所确认的受督者特征被聚类为五个受督者因素：咨询经验、咨询的理论取向、学习目标与风格、文化价值观，以及人际风格（见图1.2）。受训者的经验水平是督导研究中经常被研究的因素。受训者的经验水平与其感知到的督导需求和对督导的满意度相关（Johnston & Milne，2012；O'Donoghue，2012；Stoltenberg et al.，1994）。一项非常重要的研究发现是，处在新手阶段的受训者和处在实习生阶段的受训者所表达的督导需求集中在不同的关系特征上（Heppner & Roehlke，1984；Miars et al.，1983；Wiley & Ray，1986；Worthington，1984a，1984b）。例如，新手似乎需要更多的支持、鼓励和督导结构，而实习生表现得越来越独立于督导师（Hill，Charles & Reed，1981；McNeill，Stoltenberg & Pierce，1985；Reising & Daniels，1983；Wiley & Ray，1986；Worthington，1984a；Worthington & Stern，1985），且实习生对探索更高层次的咨询技能和影响咨询的个人议题更感兴趣（Heppner & Roehlke，1984；Hill et al.，1981；McNeill et al.，1985；Stoltenberg et al.，1994；Worthington & Stern，1985）。

特雷西等人（Tracey，Ellickson & Sherry，1989）设计了一项模拟研究（analog study），以检验督导结构与受训者学习之间的关系。他们的研究结果部分支持了之前的研究，即，随着受训者经验的累积，他们对督导结构的需求减少了（McNeill et al.，1985；McNeill & Stoltenberg，2016；Reising & Daniels，1983；Stoltenberg et al.，1994；Wiley & Ray，1986）。但是，对督导结构的需求受到受训者的人格变量［在此研究中通过心理抗拒（psychological reactance）进行测量］和决定督导重点的情境因素

（危机或非危机来访者）的调节作用。

沃德等人（Ward，Friedlander，Schoen & Klein，1985）研究了不同的自我表现风格（self-presentational style；在 SAS 模型中，被称为人际风格）对督导师对咨询师胜任力的评判所产生的影响。这是一项模拟研究，研究者先给予受训者某个刺激条件，使其采取防御或非防御的人际风格。防御型受训者被督导师评价为更自信，而非防御型受训者被评价为社交能力更强。如果受训者报告来访者症状改善（改善组），与受训者报告来访者症状恶化（恶化组）相比，改善组的受训咨询师被评价为更有胜任力、更自信、更专业和更有吸引力，无论受训者本身的人际风格如何。从这项研究可以看出，在评判受训者的专业技能时，来访者是否改善对督导师产生的影响比受训者的人际风格所产生的影响更大。

咨询心理学（包含督导）中的胜任力模型，描述了多元文化敏感性和技能在治疗情境中的重要性。SAS 模型认为，文化价值观（如族群、种族、性取向和宗教信仰）是影响受训者对来访者与督导师的态度和行为的重要因素。这一督导领域的研究相对有限（Constantine，Fuertes，Roysircar & Kindaichi，2008；Inman et al.，2014；Ladany，Brittan-Powell，et al.，1997；Ladany，Inman，et al.，1997），而有关文化变量与咨访关系及咨询师效能的关系的研究要多得多（Fuertes，Spokane & Holloway，2012）。

督导的情境维度

无论从实证还是从实践的角度,督导的情境因素都是影响督导师与受督者选择督导任务和功能,以及影响督导关系建立的条件。虽然任务和功能可由交流过程推断出来,但对观察者和参与者来说,情境因素有时并不明显。督导师与受训者会基于他们的隐性知识和经验,决定他们的参与度和会谈的主题。在教授如何做督导时,情境因素的特性能够引导督导师进行反思,揭示其督导行为的动机与意图。许多研究者通过要求督导师或受训者反思自己或对方的行为,探究了可能影响信息处理和决策的因素(Holloway,2000;Neufeldt,Karno & Nelson,1996;Skovholt & Rønnestad,1992)。

SAS 模型中的情境维度是来访者和受训者所在的机构或组织(见图 1.1)。基于理论和实证文献,这两个情境维度都包含五个因素,下面将对它们展开讨论(见图 1.2)。

来访者因素

来访者的特征及其带入治疗情境的问题是督导中教与学的核心。在治疗关系中展开的动力往往会在督导关系中重现(reenact)。因此,不能低估将来访者材料作为设计适当的教学目标和策略的基础的重要性。SAS 模型中有五个来访者因素:来访者特征（社会的、心理的和生理的）、来访者自述的问题及其诊断、来访者发展史、来访者的社会和家庭背景，以及咨访关系（见图 1.2）。督导师通常会为初学者筛选来访者，以确保只分配给他们适合其胜任力水平和督导师专长领域的个案。过去十年制定的胜任力指南描述了咨询心理学从业者从见习阶段到实习阶段的技能习得过程。因此，督导师需要匹配来访者的需求与受训者的训练水平。

来访者的特征不仅影响心理治疗的过程和疗效，也会影响督导师的决策。例如，将来访者和治疗师的性别或族群身份认同进行匹配的研究文献表明，尽管从表面上看，来访者更偏好同族群的咨询师，但实证研究文献并不总能支持这一观点（Coleman, Wampold & Casali, 1995; Miville et al., 2009; Ober, Granello & Henfield, 2009）。督导师应当意识到，社会赞许、社会经济地位、态度或价值观等变量可能会对咨询师的潜在效能产生重要影响。治疗无效可能被错误地归因于来访者和治疗师在一般特征上缺乏相似性，更深入的分析则可能揭示来访者或治疗师身上更多的内隐特征，而这些特征阻碍了咨询的进展。治疗师效能的评估最终取决于来访者的进展、症状的减轻和关系的联结。督导师经常依赖受训者对来访者改变的报告，以及受训者的咨询会谈录音或录像。

循证治疗（evidence-based therapy，EBT）的出现再次提出了这样一个问题：什么样的督导策略与过程会影响治疗师的效能和来访者的改变？多年来，督导对来访者的治疗效果到底产生了多大的效力（efficacy），这个问题一直存在相当大的争议（Bambling & King，2000；Ellis & Ladany，1997；Holloway & Neufeldt，1995；Stein & Lambert，1995；Wampold & Holloway，1997；Watkins，2011）。过去十年里，随着循证治疗在心理治疗中的兴起，有些研究者开始认真探究督导对来访者改变的效力。然而，鉴于大量研究结果表明，与来访者的自我报告相比，治疗师和督导师更易高估来访者的改善而低估其恶化程度，因此，研究督导对来访者疗效的影响一直是个挑战（Worthen & Lambert，2007）。

为了提供来访者对疗效的看法，兰伯特（Lambert）及其同事开发了一种来访者反馈方法：在每次治疗会谈结束后，将来访者的反馈系统性地发送给治疗师（Hawkins, Lambert, Vermeersch, Slade & Tuttle，2004；Lambert, Harmon, Slade, Whipple & Hawkins，2005；Lambert & Hawkins，2001；Lambert et al.，2002；Whipple et al.，2003）。当研究者发现来访者没有取得进展，而受训治疗师不知该如何矫正治疗过程时，他们便进一步研究督导师对在督导中使用来访者数据的接受程度。在该研究项目的早期阶段，督导师对使用来访者疗效数据不太积极。这并不奇怪，因为心理治疗史和研究都表明临床工作者更喜欢依赖他们的直觉性临床知识。然而，随着有关来访者进展的数据的效用变得越来越有说服力，临床工作者开始使用这些信息来聚焦督导讨论的重点。有证据表明，来访者进展和疗效的追踪数据可以影响治疗师的干预策略，从而显著影响来访者的改善程度。这是支持督导师使用此类来访者疗效信息以指导其督导策略的有力理由。正如沃森和兰伯特（Worthen & Lambert，2007）所总结的：

> 我们相信，使用（来访者追踪）反馈（系统）……能极大帮助我们作为督导师监控来访者的福祉是否得到保护，并通过督导提高来访者的疗效。因此，以疗效为导向的督导有助于实现督导的两个主要目标：加强实践和提高来访者的疗效。（p. 53）

组织因素

督导，无论作为咨询师培训计划还是专业持续发展的一部分，都是在机构组织的情境中发生的，如大学院系附属诊所（in-house departmental clinics）、大学心理咨询中心、医院、社区心理健康机构或其他服务机构。督导在组织的服务需求方面的作用，是在确立督导目标和功能时需要考虑的重要因素（Carroll & Holloway，1999；Holloway & Roehlke，1987；Proctor，1997）。此外，组织的服务需求往往会影响目标的优先级和督导的安排，然而，专业文献很少研究或讨论组织变量对督导的影响，这也体现在文献综述对这一主题的遗漏（Inman et al.，2014）。

SAS 最初将组织特征定义为组织的客户（clientele）、组织结构和氛围，以及专业伦理和标准。然而，SAS模型已经发生了变化，以适应多学科和不同的组织系统。在这些环境中，督导师需要关注一些更加细化的组织特征；因此，修改后的SAS模型包含五个需要考虑的组织因素——组织的使命与价值观、组织结构、绩效管理体系、文化与氛围，以及专业标准与伦理（见图1.2）。所有这些因素都可能影响督导师在来访者筛选、治疗方式、督导协议与受训者评价方面的自主性和限制。

督导过程维度

SAS模型中的督导过程由督导的教学任务和督导师的功能两部分组成。SAS模型中的教学任务被聚类为五项宽泛的受督者胜任力：咨询技能、个案概念化、包括伦理实践在内的专业角色、自我觉察与人际觉察，以及自我评价（见图1.2）。尽管这些胜任力领域是对二十多年前的实证文献进行概念分析而得来的（Holloway，1992，1995），但它们已被这一领域的后续研究所证实（参见Inman & Ladany，2008），并与胜任力基准和工具箱所定义的"基于胜任力的学习（competency-based learning）"一致：期待和角色、过程和程序、技能发展、对影响特质的因素的觉察、参与过程，以及伦理和法律问题（Falender et al.，2004）。

督导师功能是"个体、事物或组织应采取的行为（action）或活动（activity）"[《韦氏英语百科全书未删节词典》（Webster's Encyclopedic Unabridged Dictionary of the English Language），1989，p. 574]。自督导的社会角色模型问世以来（Carroll，1996a，1996b；Ellis & Dell，1986；Ellis，Dell & Good，1988；Hess，1980），角色标签为督导师提供了一门共通语言，帮助他们描述其教学策略（Bernard & Goodyear，2014）。在 SAS 模型中，督导的五个子角色由主动动词命名，以强调这些活动中固有的动态的和交织的变化。因此，督导师可以使用监控/评价、指导/建议、示范、会商/探索，以及支持/分享功能（见图 1.2）。研究者通过话语分析和对督导师的言语行为进行分类，研究了与这些角色相一致的督导策略。对这些研究发现的总结可在霍洛韦和波林（Holloway & Poulin，1995）的文章中找到。每一个督导师功能都可以以其对应的社会角色的典型行为来表征，并且，如前所述，督导师功能以控制角色的关系权力（relational power）的形式存在于关系结构中。督导师对关系权力的觉察对于他选择使用哪一个子角色来达成特定的教学目标来说至关重要。

督导师的任务和功能是督导师和受督者共同完成一项特定学习任务的综合，这转而又创建了一个互动过程。图 1.3 描述了这一互动过程，我们可以将其想象成一个舵轮，外圈的督导师功能环绕着内圈中间的学习任务；在特定的时间点，可以转动外圈，选择特定的教学任务。

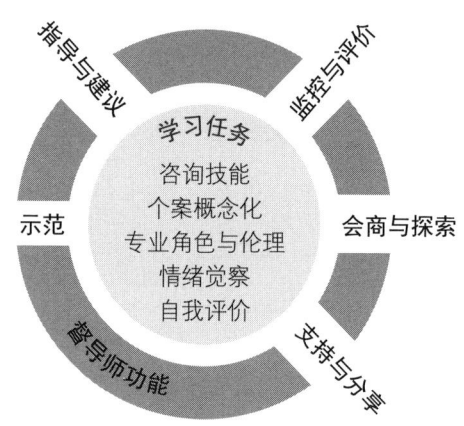

图1.3　督导过程：功能与任务

与子角色相一致的不同功能或策略的选择不仅受到受训者当前学习需求的影响，还受到模型中描述的其他情境因素的影响。例如，如果一位新手受训者刚开始接待一位新来访者，督导师可能会选择围绕个案概念化来使用建议功能。在另一种情况下，如果一位经验丰富的咨询师遇到来访者的阻抗，督导师可能会选择会商的功能。

关于如何使用任务-功能匹配来描述督导过程，德卡托（DeCato，2002）通过对心理测验的督导、阿尔农和赫尔曼（Arnon & Hellman，2004）通过学校心理咨询督导师、苏细清（2004）通过对中国临床督导的观察对此进行了探索。不幸的是，没有简单的规则能确定哪种策略在特定的督导情境下是最有效的。督导策略与学习任务之间没有精确的匹配关系；然而，某些策略和任务更可能相互匹配，例如专业伦理和监控，而不是情绪觉察和监控。但是，SAS 强调在决定以何种方式与受督者工作时，要考虑各种因素。

督导师对整张 SAS 路线图（情境因素与关系状态）的觉察增强了从功能和任务选择中产生的互动过程。例如，当考虑如何与一位挣扎于对来访者的情绪反应的新手咨询师工作时，督导师可能会先支持咨询师对他在咨询中感受到的情绪进行觉察，然后指导他更深入地理解情绪如何影响他与来访者的关系。与此相对应，更有经验的受督者可能很擅于描述他对来访者的情绪反应，以及这些情绪反应对他能否全心投入咨访关系的影响。在这种情况下，督导师可以更多采取会商角色，与受督者合作探索，对触发他的情绪反应的关系特征和来访者特征形成更深层的、情感上和理论上的理解，并探索这些理解如何能为来访者带来更有效的治疗方法[1]。

注释

1. 本章的部分内容首次发表在《国际临床督导手册》[*The International Handbook of Clinical Supervision* (pp. 598-621), by C. Watkins Jr. and D. L. Milne (Eds.), 2014, West Sussex, England: Wiley Blackwell. Copyright 2014 by Wiley Blackwell] 上。经许可转载。

第二章 督导过程案例展示

督导师创造一个学习环境的能力对于受督者是否愿意表露其在来访者的治疗和进展中所遇到的挑战来说是至关重要的。在本章中，我描述了一些具体的策略和挑战，它们源自我为本书录制的配套视频中的案例演示。这些策略和挑战是从 SAS 的视角讨论的，并使用 SAS 图示说明督导过程中出现的主要主题。

本次会谈的情境对于理解督导关系的质量来说非常重要，尤其是，对督导协议、关系阶段和关系结构的讨论将有助于读者理解接下来发生的过程。

李灵在一家大学心理咨询中心工作，马上将结束她的最后一轮见习，随后她会开始进行博士生实习。她已经学习过我的督导模型，并曾督导过硕士咨询师。李灵有兴趣和我一起拍摄这系列视频，我很感谢她在拍摄过程中的全身心参与。我们的督导协议是安排五次会谈，重点讨论李灵觉得对她来说很有挑战性的来访者。在本章讨论的第五次会谈开始之前，李灵和我就她当前的两个个案进行了四次督导会谈，其中一位来访者将出现在本章和配套视频中。她的实习机构和来访者都签署了书面同意，允许在督导中讨论来访者的情况。为了保护来访者的隐私，我更改了其姓名以及与个案关系不大的非重要细节。

我喜欢在工作一开始与受督者分享 SAS 模型中对学习同盟的建立产生影响的督导师因素和受督者因素。因此，我们在第一次会谈的开始分享了我们的专业背景、专业兴趣、理论取向和过去参与督导实践的情况。我们很高兴我们的咨询取向都是人际心理治疗（interpersonal psychotherapy），虽然这对督导来说并非必不可少。在关系的建立阶段，在开始讨论李灵的来访者之前，她和我仔细审视了督导协议、咨询实践的情境、她的专业经验以及她的督导目标。

关注我们各自的专业工作和专业发展史，以及制定我们的督导工作目标，使我们有机会探索彼此的思维风格、学习风格和在关系中的存在（being）方式。在一开始就关注督导关系以及作为该关系一部分的督导师和受督者，对于使用SAS方法建立学习同盟来说至关重要。最后我想补充的是，尽管我认为我们是尊重和关心彼此的，但由于我们一起工作的较短时间、我在督导方面的良好声誉以及我们之间的代际差异，我认为如果我们身处不同的情境，权力结构可能会更广泛地分布于我们的角色之中。随着第五次会谈的展开，很明显，关系结构与关系阶段都成为我选择策略和学习任务时要考虑的因素。

在本章中，我识别出一系列在第五次督导会谈录像中出现的关键议题。我将我的分析和评论集中于五个不同的领域，其顺序与这些议题在督导会谈中展开的顺序是一致的。我冒昧地给这些互动贴上标签，以强调它们所呈现的关键挑战。为了更好地说明从我和李灵的督导会谈中节选的督导过程逐字稿，本章最后还包含了我向阿帕娜·英曼做的个案汇报（debriefing；汇报的录像亦可见配套视频）。讨论以五个具有治疗挑战性的事件为重点：

- 来访者失约的行为模式；

- 咨询师的情绪觉察；
- 三角关系；
- 文化身份认同；
- 理论取向与组织指导政策。

每一个被识别出的挑战都使用SAS模型独有的可视化路线图结构进行了说明。SAS图示被用于确定模型中的一些维度和因素，这些维度和因素对于分析当前困境、维度之间关系以及它们为治疗与督导带来的系统性影响而言非常重要。此外，SAS过程图示命名了当前正在处理的学习任务和正在被使用的督导策略，并展示了如何分析督导方式。在逐字稿中，我发表的看法以"霍洛韦"开头，受督者发表的看法以"李灵"开头。我冒昧地删除了一些对于理解信息的内容或特征来说无关紧要的犹豫和开场白。

来访者失约的行为模式

到大学心理咨询中心求助的来访者在入校前就曾做过心理咨询，这种情况并不罕见。但这对于受训咨询师来说可能是个问题，因为他们的可信度和经验水平可能会遭到来访者的质疑。在这一个案中，来访者安妮经常失约，但又在咨询之外接受过多次危机介入服务。这样看来，她设法得到了即时的帮助，而无须承诺进入一种持续的咨访关系。在本次交流中,我首先谈到来访者用于维持她对一段关系的控制权的竞争性方式,这一方式在之前的督导中就得到了识别;我还想知道来访者是否在通过不履行和李灵的咨询约定(而是到咨询中心找其他咨询师来处理她的危机),以和李灵建立某种竞争关系。请注意,在这段逐字稿中,我对来访者为何在关系中屡次失约提出了一个假设,而李灵提出了另一个颇有见地的假设,这对于我们的督导关系中权力的发展很重要。

霍洛韦[①]:灵,看来我们需要跟进一下你的来访者安妮。在之前的会谈中,我们已经谈过很多次她的失约问题,我记得让你下来思考一件事,我们现在需要跟进一下,看看它是否与当前的情况是相关的。那就是她经常失约,部分原因可能是她与你的竞争,因为她与表兄弟姐妹之间有很多竞争。我不知道这个情况是不是又出现了,或者你有没有思考过这一点,我很想听听你的想法。

李灵:我想——我确实思考过这件事的本质——关于安妮,她在生活的许多不同方面都表现出很强的竞争性,但我对她失约的另一个假设是她对前任治疗师的忠诚感。

霍洛韦:啊,是的。

李灵:是的,你可能还记得,她不久前提到过,她在前

---

① 督导逐字稿里小括号和中括号内的内容系原文所有。翻译尽量还原口语语境。——译者注

任治疗师那儿做了大概一年半的咨询,而她——在她搬到这儿之后——在她转学、搬到这儿之后,她不得不终止与前任治疗师的关系,但她仍然会找那位治疗师做电话咨询。

霍洛韦:在她跟你做咨询的同时?

李灵:不是,在她跟我做咨询之前。直到她的前任治疗师确切告诉她:"好吧,你看,你必须找到一位能和你持续面对面做咨询的人,你不能只依赖跟我的电话咨询。"她对这位前任治疗师评价很高。所以,我在想,她失约的其中一个原因会不会是她在用这个方式向我表明她仍然忠于前任治疗师,而且……她不愿全身心投入当前这段新的治疗关系。

李灵愿意对来访者的行为提出另一种假设,这是一个很好的例子,展示了关系中的专家权力(power of expertise)是如何变得更加平衡的。从过程的角度来看,我先提出了一个意见,然后她考虑了一会儿,同时让我也考虑一下其他情况,以便更全面地理解来访者的行为(SAS 分析见图 2.1)。在下面的探讨中,我跟进了她对当前治疗关系如何与来访者的一般行为模式产生共鸣所做的个案概念化。由于李灵的理论取向是人际心理治疗,我认为她根据反复出现的人际模式来思考这种行为是很有用的。

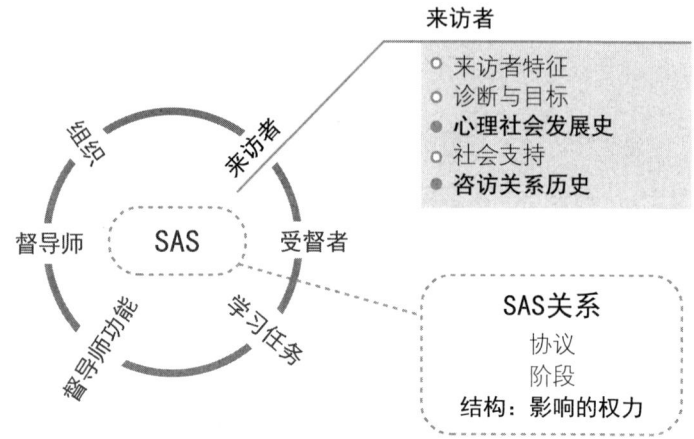

图 2.1 用督导的系统方法（SAS）分析失约

注：粗体字项目表示督导聚焦的主要维度和要素。

霍洛韦：是的。那在你看来，这与她在其他类型的关系中向你展示过的动力有关吗？在她跟朋友、男朋友、家人的关系中？

李灵：嗯哼［表示"是的"］。我想——我觉得她之前的治疗关系还没有完全结束，因为几周前她还说"嗯，你知道吗，在见你之前，我在咨询中心排了好久的队才轮上，所以在我感到极度沮丧的时候我必须得做一次咨询；我给父母打了电话，但他们没有接，所以我给我的前任治疗师打了电话。"所以，我有一种感觉，前任治疗师对她来说仍是个备选。呃，我现在还不太了解这种关系的程度，我还跟她的前任治疗师谈过，这位治疗师似乎真的扮演了母亲的角色，而正是这位前任治疗师的工作——这位治疗师——似乎像是[来访者]……从未拥有过的母亲。

李灵分析了咨访关系的动力特征,并认为它可能是来访者的一般人际关系在咨访关系中的重现;当我和她探究这一点时,李灵的回应更多是描述性的,而非理论性的。在这一点上,她的确根据自己的理论取向对个案进行了概念化。督导过程如图2.2所示,展示了上述督导片段中学习任务和督导策略的运用。会商/探索策略强调在来访者的个案概念化方面使用"影响的权力"来与受督者合作。如前所述,由于督导关系固有的等级性质,特别是在本次督导的情境中,我想给予李灵的意见更多的支持,尤其是当这些意见与我的意见不同但与来访者的行为模式一致的时候。我的后续行动是将谈话转移到李灵对跟随那段咨访关系的感受上,

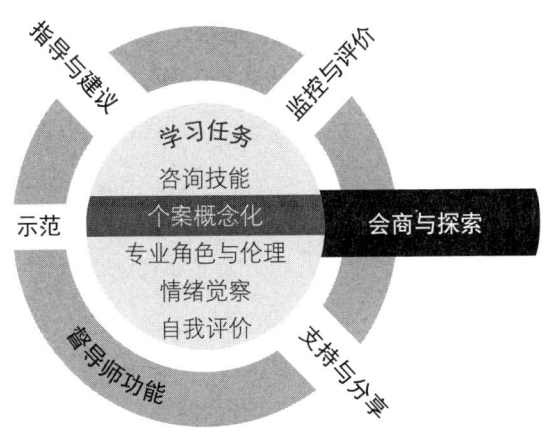

图 2.2　督导过程:学习任务-个案概念化和督导策略-会商与探索

那段关系仍旧存在于来访者的情感生活中。下一小节将呈现相关的督导片段和 SAS 分析。

咨询师的情绪觉察

随着本次会谈的进展,我开始探讨在李灵与来访者的咨访关系中来访者不断失约的含义,尤其是来访者在李灵和前任治疗师之间建立起的竞争模式。在之前的一次会谈中,我们讨论了在来访者的原生家庭中发生的角色颠倒。由于来访者和母亲移民到美国时父亲没有一起过来,而母亲无法适应新国家、新语言和新文化,来访者不得不像一位母亲一样担任起照顾自己的母亲的责任。来访者在其生命早期扮演的这种家庭角色可能导致她对关系中适当的边界、依恋和反依赖感到困惑。当然,这位来访者在她的治疗依恋中也表现出了类似的关系模式。因此,由于来访者在她的前任治疗师和李灵之间建立起一种动力,探索李灵被前任治疗师挤到"第二位"的情绪体验就变得很重要。聚焦于咨访关系成为一个渠道,可以揭示李灵在与来访者相处时的即刻体验,以及被忽视或"屈居第二"的感受。图 2.3 展示了督导重点从之前围绕来访者行为的个案概念化所采取的会商策略,转移到在支持咨询师的同时深入探索她对来访者和对咨访关系的感受的策略。

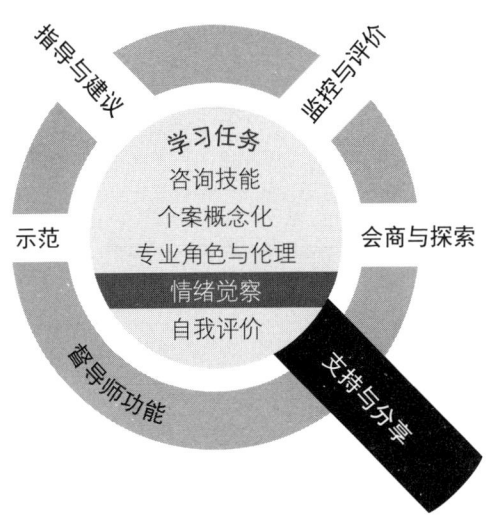

图2.3 督导过程：学习任务－情绪觉察和督导策略－支持与分享

霍洛韦：让我们来谈谈这对你来说是什么感觉，有点像屈居第二。

李灵：我不记得具体是哪一次会谈，但应该是她刚开始咨询后不久，她跟我提到说她以前接受过治疗。那次会谈过后没多久，她就一直不停谈论她与前任治疗师取得了多大成就，是那位治疗师的帮助让她能转学到这所大学。我当时的感觉是："哇，看来你和你的前任治疗师一起工作时，你一直都是很守时的呢。我想知道发生了什么。"虽然我很高兴看到她在治疗方面的积极经验确实让她回到了治疗中，所以她现在在和我工作，但我也感觉到她把我和前任治疗师比来比去，我感觉她好像把我拖入了一场无形的竞争。

霍洛韦：对。那么，她在你和前任治疗师之间重现了这种竞争，就像她和同龄人，特别是和她的表兄弟姐妹或其他什么人在成就方面的竞争一样？

李灵：是的。

霍洛韦：那么，你看到发生什么了吗？

李灵：嗯哼［表示"是的"］。

霍洛韦：她正在创造那种她在其中感觉到舒适的动力？而你呢？你已经习惯于获得很多成就，什么都做得很好，可能很多次都拿第一名。而她呢，她为你创造了这种动力，无论你是否愿意接受它，她都会这么做的。这对你和她的咨询工作有什么影响？

李灵：我想，在会谈的某个时间点上，我肯定感觉很挫败，感觉不知道还能做些什么来让她坚持来做咨询，或者让她能专注于当下的工作。我试着和她进行一次过程对话，谈一谈她的失约，或者谈一谈我们之间的关系，但我感觉她不愿意和我进行那种对话。无论我想改进哪种干预手段，无论我多么希望更好地理解我们的关系，我都感觉我被卡住了。

霍洛韦：那么，和她坐在一起，尝试建立关系是什么感觉？

李灵：我想，每次和她的会谈快要结束时，我都会觉得筋疲力尽，而且她话很多，所以很多时候我都感觉自己在不断尝试、尝试、尝试，但是我……她真的没有为我，或为我的在场留下多大空间，我甚至怀疑有时候她根本看不见我。

李灵因来访者的失约以及因自己无法帮助来访者对咨访关系做出承诺而产生的挫败感在前一段互动中有所体现。当我对这种强有力的互动进行反思时，我觉察到自己的情绪：如果我在这段关系中屈居第二会感到多么难受。我对李灵有许多情感上的共情，她是一位受到高度评价的学生，而她的来访者因之前的咨访关系把她晾在一边。这促使我关注李灵是如何体验这段咨访关系的。

她告诉我，她觉得自己被卡住了。发生了什么事让她产生了与来访者陷入僵局的感觉？是因为她不知道下一步该使用什么干预策略吗？或者，真正的原因是她在场时的情绪感受，是她被晾在一边的感觉？在最后的探讨中，我请她更深入地去感受在这段关系中"被无视"和"被贬低"的感觉。在这段关系中变成"隐身人"的隐喻成了一个重要象征，能让我们更深入地探讨李灵自己对获得认可的情感需要。它也成为抵御来访者的人际模式风暴（即走向承诺，然后远离承诺）的一个关键部分。李灵如何处理这种咨访关系，对来访者学习健康的关系承诺模式来说至关重要。

在接下来的片段中，李灵没有更深入地探索自己被无视的体验，而是报告了来访者最近使用危机中心的情况。而我则继续探讨她在这段关系中的感受，以及她对这段关系的体验和感受。

霍洛韦：那现在情况如何？你感到自己被她看见了吗？你觉得自己是这段关系的一部分吗？

李灵：这是个很好的问题。我觉得，在她最近的危机——这已经是第三次了——之后，真的有人（那天我不在那儿），真的有人在这个过程中对她不那么温柔，他们真的采取了强硬的行动来干预危机。我认为这让她意识到还是在治疗关系中与治疗师打交道比较好。

霍洛韦：和你打交道？

李灵：嗯哼 [表示"是的"]。所以，在她——她在前一周遭遇了危机，在她遭遇危机之后的那一周，我们进行了一次非常富有成效的谈话，讨论我没去声援她的事。我倒是想去，但我做不到啊，因为首先，我人不在那儿；其次，她根本就无视我，所以我——如果有人查看我的咨询记录，他们根本说不出我们做了哪些工作，因为我们实际上什么都没做。

霍洛韦：是的。这就好像她通过失约，把你摆在第二位，把你弄得束手无策，然后让整个机构都来看看你是什么样子。

李灵：嗯哼 [表示"是的"]。

霍洛韦：能多告诉我一些那次会谈的情况吗？就是出了危机之后，她又回到咨询里那一次，她似乎意识到见你可能会有帮助。那次你觉得自己被她看见了吗？

从 SAS 的视角看，我提到了李灵在该机构中的声誉，从而引入了 SAS 模型中的组织情境因素。我认为李灵因为来访者经常失约而感觉自己无法"留住"或声援来访者,这让李灵感到很难堪,也许她已经开始想她的同事会认为她"不够"有胜任力。

三角关系

在深入探讨了李灵对来访者的失约和来访者对关系缺乏承诺所产生的情绪反应之后,会谈转向了来访者更加复杂的三角关系模式。李灵描述了来访者在她和前任治疗师之间,以及在她和来访者处于危机时在机构里见的其他治疗师之间建立的三角关系。被来访者带入三角关系中,对治疗师来说是一个常见的两难困境,必须以敏感和坦诚的方式处理。从本质上讲,来访者也在探索,观察在她的家庭和当前生活中起效的非适应性行为模式在治疗中是否也会起效。尽管李灵最初因来访者的行为,以及来访者通过其行为把她放置在一个"毫不知情"的治疗师位置上而感到不安,但经过深入的反思,李灵能够带着脆弱性和洞察力来处理这种情况。她对来访者的回应有可能打破这种三角关系模式(见图 2.4)。

霍洛韦:你是怎么处理的?

李灵:我对她很坦诚,我说:"不,你没有给我惹麻烦。但是,我确实非常担心你,因为我们确实没有按约定的那样

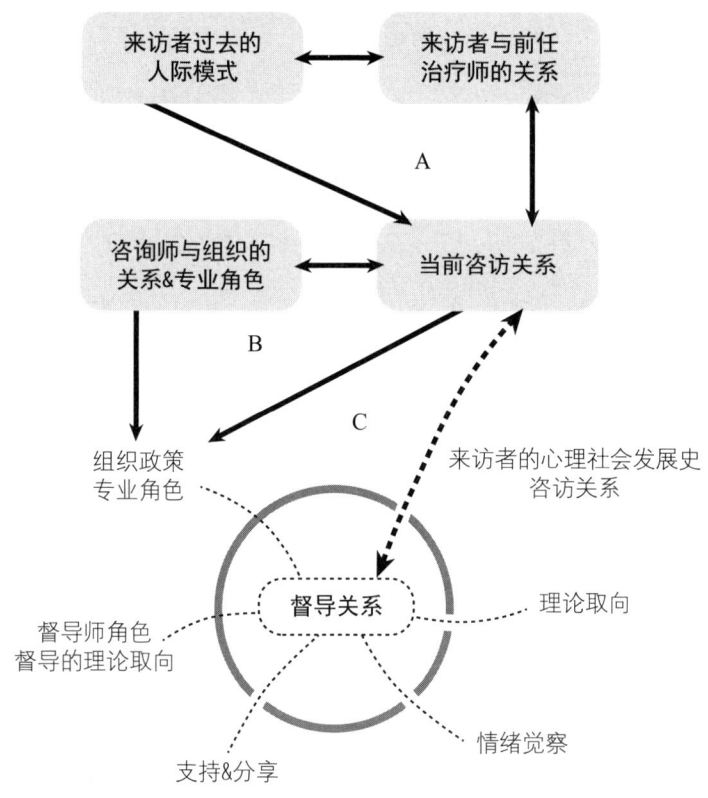

图 2.4 SAS 模型对三角关系的描述[1]

见那么多次面，见面是断断续续的。说实话，我不确定你身上到底发生了什么事，所以我非常担心。而且，从别人嘴里听到你的来访者的消息肯定不是什么愉快的经历。"

霍洛韦：对你表现出的这种坦诚，她是如何回应的？因

---

[1] 图中的 A、B、C 为译者所加，以帮助读者理解本小节最后一段中作者描述的三个三角关系。——译者注

为当你这么做的时候,你真的在谈论你们的关系,而且还具有一定的即时性。

李灵:令我惊讶的是,她实际上很好地接受了这些话。我甚至不确定她是否会听完我说的话,但令我惊讶的是,她接受得很好。我有这么一种感觉,在她的生活中,没有多少人会直接谈论关系;她身边的人只会按部就班一天天过日子,有时候跟她说说话,有时候不说,就像她爸爸总告诉她该做什么,而她的妈妈——她就像她妈妈的妈妈。在她的家庭里,大家非常回避与感情和关系有关的话题,所以我想——这对她来说是一个非常有治疗作用的时刻,有一个人真的会——会那么坦诚,会提起这个话题,会直接跟她谈论这段关系,而 [不是让] 她谈论其他的事情。

霍洛韦:令我印象深刻的是,尽管你感到很挫败,尽管她几乎可以说是给你挖了个陷阱,让你跟其他那些处理她的危机状况的治疗师竞争,但你还是挺身而出,找到了一种方式让她参与到关系中来,你还能跟她谈起你自己的脆弱性。"我不确定你身上到底发生了什么事,我感觉不是很愉快",说这样的话的感觉是非常脆弱的。是什么让你这么做?你内心的什么东西让你在那一刻向她展现出自己的脆弱?

从本质上看,李灵向来访者示范了如何以一种直接的、非操控的方式投入关系中。这种方式与她的理论取向是一致的,也符合运用咨询会谈创造一种矫正性体验的急迫需要。在督导的当下，我被触动了，因为她要和来访者建立这种程度的关系，需要多大的勇气，要展示出多大的脆弱啊。

图2.4非常生动地展示了SAS模型的系统视角，因为在督导会谈的这个时间点上，我们可以清楚看到来访者在她所有的人际关系中——无论是与前任治疗师、与咨询中心，还是与李灵的关系，都展现出同样的行为模式。图2.4展示了来访者的两个清晰的重复模式。第一个三角关系（A），是来访者在前任治疗师和李灵之间重现了她的家庭模式。第二个三角关系（B），是她在李灵和处理危机的治疗师之间建立起三角关系。因为来访者和李灵预约了咨询但没有露面，却又求助于危机干预治疗师，李灵与来访者的工作就会受到其他治疗师的质疑。在图2.4中，危机干预治疗师位于组织维度。因此，李灵被夹在咨访关系以及自己与机构中的其他治疗师的关系之间。第三个三角关系（C），如图2.4中虚线所示，是有可能在督导关系中重现的、治疗师与组织之间形成的那种三角关系。这是督导中的一个关键点，因为督导师必须打破三角关系，并阻止由来访者带来的关系模式的重现。咨询师对咨访关系的体验进行情绪觉察，是这一过程的第一步。

文化身份认同

李灵和来访者都是亚裔,也是家庭中的第一代美国人。在咨访关系中,她们能有机会分享共同的经历。从这个角度来说,她们可能更容易达到共情,更容易理解所面临的挑战和成功。同样重要的是,尽管存在潜在的文化联结,也需要承认个体差异。在下一片段中,我跟李灵提及她对来访者的文化身份认同的理解,也问及这是不是治疗中的一个话题。我想知道李灵是否处理过来访者因为她是亚裔美籍治疗师而可能投射到她身上的文化身份认同和文化假设。值得注意的是,李灵没有直接和来访者讨论过这个话题,但来访者对亚裔家庭做了不少概括化(generalization),并假设李灵有同样的经历。

霍洛韦:我想知道在身份认同方面——鉴于你的发展史和她的发展史,你认为她对你的认同是什么样的,她可能会假设你们之间存在何种真正的文化联结?你们是否对此进行过任何讨论?她跟你谈起过她的文化身份认同吗?

李灵:她很简要地介绍了一下她的家庭——她们是刚搬过来的移民——这个话题是我先提出来的……我特意多了解了一下这方面的情况。

霍洛韦:你有自我表露吗?

李灵:没,我没有——让我回忆回忆……我不记得为什么［我］没有深入参与那次对话。我想当时的情况可能是我先提了一个问题，然后她讲了半个小时。［我］觉得她根本不想了解我——觉得我和她说的话毫不相干——但我觉得将来我会和她就此进行非常重要的对话，［因为］她好几次提到各种刻板印象——你知道，关于亚裔家庭如何如何的刻板印象。既然我们的关系进入了一个更良好的阶段，将来，我会努力寻找机会，在咨询会谈中提出这个主题。

霍洛韦：现在她做了这些概括化，把各种刻板印象联系起来，没有把她的家庭区分出来。她是不是会用"所有的亚裔家庭"这类措辞？相反，你试图帮助她去了解她的家庭如何……显然，对她的成长产生了不利影响。要给这些刻板印象松松绑……情况就是这样……你怎样才能在不暴露非必要的个人背景的情况下提出这一点呢？你打算怎么跟她谈？

李灵：将来，如果有类似的情况出现？［我］可能想和她一起探索——"所有的亚裔家庭"。问她，她说了那么多——她的信仰、家庭价值观和文化价值观，她到底想表达什么？还有，让她更多地关注自己而不是我？

李灵看到了她的疏漏，并做出了回应。鉴于她在这段关系中"被无视"和"被贬低"的体验，她的评论"我觉得她根本不想了解我"令人心酸。她很快略过这一点，说来访者说得太多了，提一个问题只会让来访者滔滔不绝。但经过反思，李灵认为她应该负起责任来讨论文化差异和文化共性——尤其在家庭模式和期待方面，她意识到这一点很重要。图 2.5 展示了聚焦于受督者因素中的文化价值观及其与咨访关系的相关性如何成为此次交流的重点。

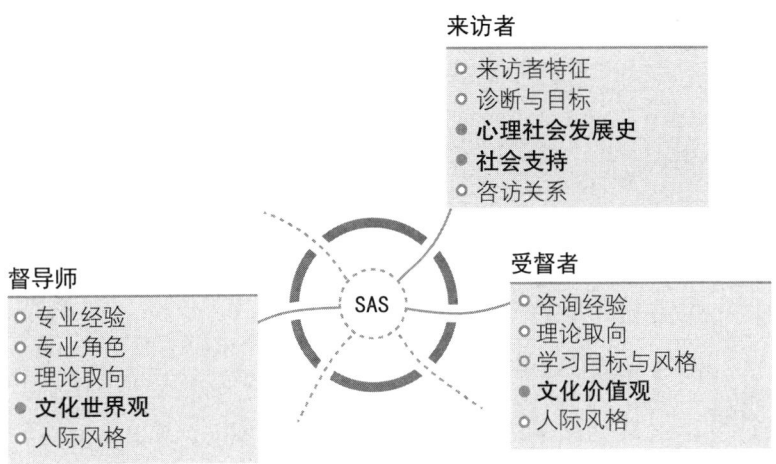

图 2.5　文化期待和文化假设

注：粗体字项目表示督导聚焦的主要维度和要素。SAS 即督导的系统方法。

这段互动的重要性及其与 SAS 模型的关联，还有我自己的文化身份认同——作为一位英裔加拿大女性，是家中唯一一位移民到美国的人，并且是成年后才移民——都让我有必要对自己在此次督导会谈中的存在进行更深入的反思。因此，我冒昧地将这套丛书的主编之一阿帕娜·英曼对李灵和我的采访（亦可见配套视频）中与前面的督导会谈片段有关的部分摘录如下。

霍洛韦：这里发生了很多事。当我再次回看督导会谈录像时，我在想，有一刻当李灵谈到——在刚开始的时候——当她谈到她没有处理这个议题时，她脸上有一种……感到困惑但又在反思的表情，然后她说"好吧，我想当时的情况是，我提了一个问题，然后她就开始滔滔不绝"。当我听到她这么说，我想我当时可以推她一把，问她："是什么让你没有继续和她讨论这个话题？"我对此有一个假设，这个假设可能在李灵的经验范围之外。但我的假设是，这里有一位来访者，不愿意和你建立关系。她断断续续地来做咨询，而且她还和前任治疗师保持着联系，所以对于和你建立关系、从和你的关系中获得更多的亲密感并做更多的自我表露，她是有所保留的。

但我当时为什么没推她那一把呢？我想，如果我深刻审视自己并反思，我会说这与我们的关系所处的阶段有关。这只是第五次督导会谈。我有这样一种感觉——在这个依恋问题上，我应该现在就推她一把吗？或者我们应该再往前走一点，看看你①是怎么想的？你②会想出什么样的策略？所以，我没有把我的策略强加给李灵，对我来说更重要的是让她参与进来，共建我们的关系——［转向李灵］重要的是让你反思，让你思考下一次遇到类似的情况可以做些什么。对我来说，这样督导会更有效。

---

① 这里的"你"指李灵。——译者注
② 同上。——译者注

所以，这是在所发生的事情之下的一个非常重要的潜意识层面，我想 SAS 模型提到督导师有责任在当下进行自我反思，回顾并理解刚刚可能发生了什么事，以及为什么他们自己会做这些事。我认为在这一过程中模型可以提供帮助。此外，当我们继续讨论到自我表露的运用——适当的自我表露，李灵，我再次把思考的主动权交给你，让你自己想明白：什么是适当的自我表露？在这个地方，多少自我表露在治疗上是有效的？这就是为什么我非常慎重地问："你的哪部分个人背景，你的哪部分文化存在，是可以告诉来访者的，而这些部分将有助于来访者打破她对自身文化理解的刻板印象？"这也是在这个特定议题上李灵需要有所成长的重要部分，而这个议题需要她和来访者一起去处理。

英曼：这很有趣，因为在某些方面，你是在谈论双方关系中的试探过程。李灵谈到她与来访者的关系，她在说的时候有点犹豫，然后你在想你可以多用力地推她一把。但我想到了另外一件事，学生们经常讨论的，当然文献里也提到过的一件事，那就是，在督导中由谁主动发起这种对话？所以，这是一个很好的例子，展示了督导师的角色以及你是如何履行这一角色的。

霍洛韦：是的。你指的是由谁开启关于文化的对话？

英曼：是的。

霍洛韦：我认为督导师有责任在许多不同的层面上关注

这一点。督导师在自身层面的理解；当然还有在受督者的层面，我前面提到过；还有组织层面；当然，还有来访者层面。

这一反思说明了该模型在区分和整合对督导关系中三位主要参与者（受督者、督导师和来访者）的理解方面的作用。对于理解贯穿关系的动力和情感共鸣（emotional resonance），以及如何将这种理解用于治疗来访者并助力督导师和受督者的共同专业成长而言，每一位参与者都至关重要。

理论取向与组织指导政策

本章的最后这一节摘自督导会谈的结束部分。在这段摘录中，对来访者只进行短程治疗的组织政策和李灵的理论取向之间存在价值冲突。考虑当前的财务状况和到大学咨询中心求助的来访者数量，这种两难困境并不少见。咨询师需要在为来访者提供最佳服务与组织的财务管理之间进行权衡。经验不足的治疗师尤其难以解决这种优先级冲突。李灵在考虑如何应对组织的管理体系，为来访者争取额外的会谈次数。她在声援来访者的利益方面处于更弱势的地位，因为她以前曾为其他来访者争取过，而且她只是一名实习生。

李灵：是的。我的确考虑过，如果我们认真计算一下会谈次数，那么她还剩两次，如果我据理力争，那么她还剩四次。所以，我想我的一部分……我一直有个念头，我在想，要不要下次会谈我就跟她谈结束咨询的事，然后看看事情会发展成什么样子。但是，我觉得我们现在终于有了些进展，她——我感觉我不想重现她的家人对待她的这种模式，他们只会对她说："做你该做的事去。你，都成年了，做你该做的事去。"所以……我担心，如果我们没有花足够的时间来结束咨询，并真正将她与未来的心理服务连接起来，不做一个彻彻底底的结束，我们可能会重现这种模式。

在这一段评论中，李灵从人际关系模式的角度考虑了结束咨询对来访者的影响。这与她的理论取向是一致的。作为她的督导师，我在下一段摘录中强化并扩展了她的概念化。在稍后的反思中，我向阿帕娜·英曼描述了SAS模型中相互交织的要素，这些要素影响了我对李灵所面临的咨询困境的认识。

霍洛韦：嗯，对我来说，正在发生的一件重要事情是我意识到李灵与她的［咨询］中心签订了短程治疗协议。而我是组织外的一名督导师，因此我需要知道该组织的期待是什么，李灵签了什么协议。对我来说，这与组织策略会如何作用于来访者是密切相关的：来访者将面对什么，还有与来访者相关的整个文化层面的东西。如果我们只剩下两次会谈，我们能在多大程度上推动这位来访者？因此，我们在这里看到了一个实例——组织以及与组织签订的协议，会影响我们如何与来访者设定目标，以及使用怎样的干预策略。

结束本次督导会谈前，我将李灵带回到结束咨询这个问题上，并请她思考，根据来访者的需要她应设立哪些主要目标。

霍洛韦：是的。你提到的模式是她靠近你，然后又远离你，所以她要么靠得很近，想要像孩子一般被照顾，要么跑得远远的，然后说"我已经完全独立自主了"。然后她就会陷入危机。所以，她正处于那个阶段……从家里到大学的过渡阶段，她不断地重现她既想要独立又想与人保持联结的需要。所以，我想，我的内心听出你有点犹豫不决。一部分的你希望在两次会谈中结束咨询，另一部分的你则发自内心关心她。所以，今天也许有一种方法可以帮助我们想透这件事……假设说，你们只剩下两次会谈就必须结束了，对她来说，最重要的目标是什么？你从治疗师的角度看到了什么……你想如何结束咨询？接下来的两次会谈，你的目标是什么？

李灵：我真的觉得 [来访者]，我找不到更合适的词了，在会谈中显得很散乱（scattered）。她讲了很多很多不同的事情，就像是她的现实生活，她的日常生活的重现。这种重现是非常散乱的。她从一件事跳到另一件事,没有一个中心。还有——

霍洛韦:所以,她是散乱的?她对你的依恋也是很矛盾的?

李灵:嗯哼[表示"是的"]。

霍洛韦:所以,她的散乱体现在她对处理危机的咨询师的依恋上,而无论那位咨询师是谁。她的散乱体现在她和你的会谈中她谈的话题上,还有你也说过在她的人际关系中也有类似的注意分散的现象,另外在她本人身上,特别是在她的学业上,她也会这样散乱,是吗?

李灵:嗯哼[表示"是的"]。

霍洛韦:所以,你是从这些地方看出这是一个贯穿始终的模式的?那它能引导你思考在接下来的两次会面中你能和她一起完成些什么目标吗?

李灵很难去制订结束咨询的计划,并略微岔开话题,谈起来访者在讨论时的散乱倾向。因此对来访者和李灵来说,聚焦于一点都特别具有挑战性。为了避免重构一个无焦点的督导会谈,我承认了李灵对来访者的"散乱"的担忧,并将"散乱"与来访者的关系模式以及她生活的其他方面挂钩。最终,我的最后一条评论重新将对话拉回到结束阶段的策略上(见图 2.6)。

在这一困境中,组织的使命和文化与咨询师的理论取向和来访者的人际行为模式之间的冲突达到了顶点,并提供了一个机会

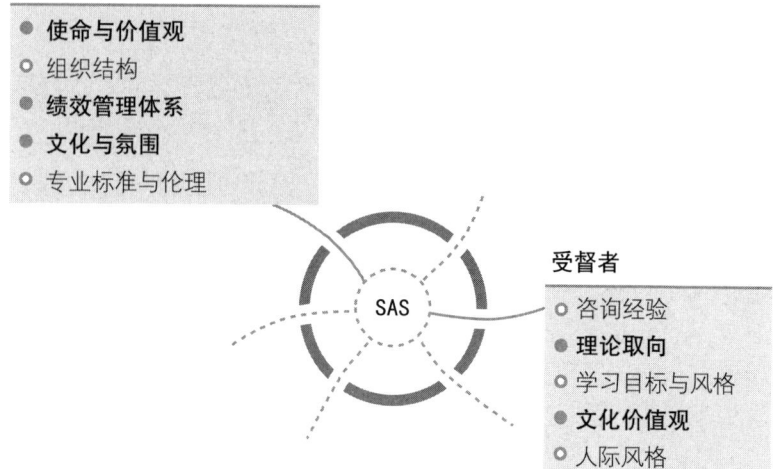

图 2.6　组织的优先事项与受督者的理论取向之间的冲突

注：粗体字项目表示督导聚焦的主要维度和要素。SAS 即督导的系统方法。

来说明模型中的每个维度是如何影响督导策略的。在这个节点上，我的目标是引导李灵清楚地思考在仅剩的几次会谈中，可以和来访者一起达成哪些目标，以及为了达成这些目标，她接下来可以做些什么。我要求将焦点放在来访者身上，而不是试图改变机构对来访者的期待。如果李灵选择后者，则可能会带来对自己或对来访者不利的后果。首先也是最重要的是，来访者会看到，她可以通过操纵系统和她的咨询师来控制比自己更强大的东西，从而在不对关系做出承诺的情况下满足她在危机时刻的需求。其次，李灵将注意力转移到要求机构提供更多的会谈次数上，这样她就能回避与来访者结束咨询的困难任务。最后，李灵提到来访者在她生活的许多方面表现得散乱,所以如果有一个结束咨询的焦点和方向,可能会为来访者提供一个小小的矫正性体验,而这很重要。

我在这最后一部分的策略是向李灵示范,她需要如何在咨询协议所规定的剩余会谈中与来访者一起聚焦于重要的事情。在对本次督导会谈进行的反思性访谈中,阿帕娜·英曼总结了在此次干预中发挥作用的 SAS 模型中相互交叉的要素。

英曼:我认为,这是你的模型中一个非常重要的部分:你谈论受督者时是把她放置在一个情境中的,有点像是必须认真审视受督者的需求和情境的需求之间的相互关系,还有受督者处理这些错综复杂的问题的方式会如何影响她们在这个情境中的专业发展。我不知道你还有没有补充,因为我知道这是一个非常重要的部分。

霍洛韦:是的,你提醒了我:学习任务中有一项是关于专业角色的,还有[咨询师]在一个组织中不仅要学会如何管理自己,还要学会如何管理员工,并帮助员工进行自我管理。这里还有一个问题,是专业成长和作为受训者在[咨询]中心接受评估。现在,来访者迫使李灵到中心去为她争取更多的会谈次数,而李灵过去也为其他来访者争取过。所以我们会有一种作为专业人士的成长感。我们与组织建立了关系,与组织签订了协议,与组织员工建立了关系,还有作为一名受训者接受组织评价。

第三章 常见督导议题的处理

第三章 常见督导议题的处理

在本章中,我将展示督导的系统方法(SAS)模型在督导实践个案研究中的应用,以阐述一些常见督导议题的处理。由于治疗关系激发了受训者的个人脆弱性和专业挑战,因此与督导过程相关的五个方面常常会出现两难困境。这五个方面包括:受督者和来访者的价值冲突、受督者因来访者的需求而产生的焦虑、受督者在咨访关系中的反移情、受督者在督导关系中的阻抗,以及督导师面临的"教学还是治疗(teach-or-treat)"的困境。由于许多督导困境会在督导关系的发展过程中不断浮现,以及督导干预措施的选择基于个案所处的特定情境,因此我只选择了这一个个案来呈现这些困境。个案报告还强调了 SAS 模型与该督导中出现的困境之间的关联。

特别地,这个个案阐明了作为 SAS 模型中督导干预措施的核心特质的关系实践(relational practice;即信任、相互性和共同学习)的重要性。尽管督导师与受督者建立了深厚的联结,但督导师的功能并不包括给受训者做咨询;SAS 仅适用于专业成长。在本个案研究中,尤其是在本章展示的督导会谈中,我的目的是帮助受督者认识到他们的个人材料正在影响治疗效果,而不是帮助他们解决他们的发展议题。咨询师要建立健康的治疗关系,通常需要有被治疗的经历,但它必须发生在督导关系之外,由督导师之外的其他治疗师来进行。咨询的功能和督导的功能不可能在同一情境下同时存在,二者同时存在必然会产生违反伦理的双重关系。虽然我并不坚持认为受训咨询师必须将接受咨询作为他们培训计划的一部分,但我仍建议他们有机会时要接受咨询。但是,如果受训者的个人问题干扰了他们的咨询师角色,并危及来访者的福祉,我会直接指示他们寻求咨询的帮助,并在必要时终止他们的临床工作,直到这些个人问题得到解决。

因为我是这个个案中的督导师,因此本章呈现的完全是我个人的工作视角。尽管在整个讨论过程中都使用了化名,但受督者和来访者都允许我呈现那些与督导过程相关的详细信息。本案例中的受督者是一名低年级博士生,现在正在参加见习。本案例一开始会描述受督者艾琳,然后介绍督导的设置,以及用于揭示受督者与来访者之间动力的策略。我插入了一些督导会谈逐字稿的节选片段,以从 SAS 的角度阐述关键的督导议题以及我作为督导师所采取的行动。

督导实践的机构

在理解督导过程时,一个经常被遗忘的维度是督导实践所处的组织或机构的作用,督导师和受督者在机构中的角色,以及他们和机构所签订的协议。在本节中,我将首先使用 SAS 模型简要描述组织的主要特征。

艾琳是一位 40 岁出头的白人女性。在我们督导期间,她正在攻读咨询心理学博士学位,上博士二年级。督导期间,我担任培训诊所的主任,也是整个机构的管理者,还负责机构员工的任命。我还在该中心接待几位来访者,为2~3位学生提供一对一的临床督导,也为一个小规模的学生小组提供督督导。

我同意督导艾琳,并建议我们签订一整学年的督导协议。艾琳在一个培训中心见习,该中心致力于为心理学多个领域的硕士生和博士生提供临床经验。该中心接待的来访者首先由更有经验的博士生进行筛选,以确保来访者适合新手咨询师。中心不接待患有严重精神障碍的人作为来访者。该中心的所有咨询会谈都进行了录像或录音,并且可以通过视频监控器进行现场观察。

为督导师提供受训者的咨询会谈录像或录音是一项重要的实践,尤其是对培训中心、新手咨询师和刚换了督导师的咨询师来说。只有通过会谈录像,才能理解仪表、非言语行为、语音语调、沉默和谈话的节奏等的重要细微差别。在本个案研究中,录像带中出现的这些要素对于理解受训者对来访者在关系中表达的需求的潜在焦虑至关重要。虽然并不总能获取录像,但录音可以作为替代选项,它可以揭示咨询师和来访者的声音特征、谈话节奏以及话轮转换模式。再退一步,如果这些呈现咨询师实际工作的方式都无法达成,那么我会要求受训者记录反思性日志,包括会谈中的重要时刻、自己对来访者的情绪反应、来访者目标的进展以及受训者的会谈目标。这些反思记录应与那些被当作来访者病历记录而完成的临床进展记录分开。

艾琳和我的督导持续了3个学期,每周会面1小时。督导会谈的总次数为 27 次。本案例呈现的是第四次会谈。在节选的督导工作中出现的具体干预措施体现了我的督导风格和我对践行关系实践原则的承诺。

重要的受督者特征

在本节中，我将介绍 SAS 模型中的受督者维度，将这些维度联系起来将有助于理解与艾琳的学习有关的独特之处。

艾琳有先天性视力缺陷，在法律上属于盲人[①]。她能够使用放大镜阅读印刷品，并使用公共交通工具或骑自行车代步。她报告说，在咨询中视力缺陷给她带来的唯一麻烦是她不确定自己是否看清了非言语的、面部的动作。成年后，她已经完全自给自足，并在回到大学攻读咨询心理学博士学位之前担任过多个专业职位。开始读博后，艾琳对自己的咨询技能感到不确信，因为她过去的专业工作与培训更侧重于对父母和孩子的指导。她尤其感到自己与同级博士群体格格不入，因为他们大多数人在获得硕士学位后都积累了丰富的咨询经验。尽管在学术上她能够应付课程的要求，但她表示对自己的临床知识和表现感到焦虑。博一期

[①] 美国将双眼中优眼的最佳矫正视力在 20/200 以下或中心视力直径在 20° 以下者定为盲。中国和世界卫生组织将双眼中优眼的最佳矫正视力小于 0.05 或视野半径小于 10° 者定为盲。——译者注

间,她在一家培训诊所接待来访者,并在那一学年接受过两位督导师提供的一对一督导。她觉得自己从这些督导经验中学到了基本的会谈技巧和干预措施,但她觉得自己在智识上没有受到督导师的挑战。尽管她已经完成了博士项目在临床方面的要求,但她希望继续提高她的咨询技能。因为她对我作为一名临床工作者的声誉闻名已久,还因为之前在某个督导主题研讨会上我曾担任她的指导者,她请求我督导她。艾琳将她的具体督导目标描述如下:(1)更多地关注咨访关系的情感本质,(2)提高她对与理论相关的来访者问题的概念化技能,(3)理解她在无法识别非言语行为方面可能存在的任何缺陷。

至此,我已经提到了SAS模型中受督者要素的重要成分:艾琳之前的专业经验和咨询经验、咨询的理论取向、学习需求和学习风格,以及人际风格。家庭和文化定位(positioning)、价值观以及人际风格变得更为突出,并且成为督导过程中具有重要影响力的领域。

来访者概况

来访者是一位将近40岁的白人女性,来中心时报告自己患有抑郁症。在被转介给艾琳之前,她在该中心做过几个月的咨询,她的咨询师是一位受训的硕士生。转介的原因是前任咨询师完成了实习要求并离开了中心。来访者与前任咨询师在第一次咨询时确定的主要咨询目标是：（1）提高自尊，（2）有效应对抑郁发作，（3）理解她在人际关系中的角色。此外，从病例记录和转介信息中可以明显看到，来访者在咨询中有信任和建立工作关系方面的困难。

对受督者学习任务的初步评估

在持续 2 小时的第一次督导会谈中，我们讨论的重点是艾琳对督导的期待、需求和目标，我作为督导师的角色，以及她的咨询理论取向。本次讨论由 SAS 模型中的受督者因素作为指导（见图 3.1）。对艾琳在咨询方面的受教育需求进行初步评估之后，我确定她对与我一起工作持相对开放的态度，尽管她过去曾经历过一些令人失望的和苛刻的督导。基于艾琳对其咨询取向的描述、之前的被督经验以及我对她的观察，我得出结论：她更愿意接受结构化的、指导性的咨询和督导方式。

她的主要取向是心理教育，她对自己处理模糊不清的情况以及识别自己对咨询情境的直觉性知识这两方面的能力缺乏信心。她倾向于在咨询或督导的人际情境中使用理智化，而不是处理自己的情感。她明显的优势包括她的智力水平、出色的组织能力、成熟度和从督导中学习的热情。根据我对她做的一次咨询会谈的

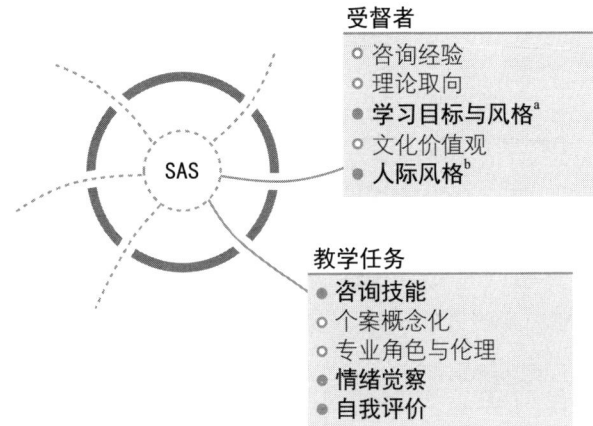

图 3.1　关键的受督者因素和选定的教学任务

注：粗体字项目表示督导聚焦的主要维度和要素。SAS 即督导的系统方法。
[a] 对受督者的评估最初聚焦于其学习目标与风格。
[b] 经过三次会谈后,受督者的人际风格的重要性变得突出。

观察,我确定她具备有效的沟通技巧,能够在咨访关系中创造助长性条件。她作为咨询师的成长需要两方面的工作:一是引导她对自己在咨访关系中的角色进行更深入的情绪觉察,二是增强她在咨访关系的人际层面进行干预的信心。

说得更具体些,她的情绪和人际觉察包括:(1)愿意信任自己在咨询中的直觉,(2)培养有效处理模糊不清的人际情境的技能,(3)承认自己需要获得特殊的关照,(4)认识和理解自己在非结构化情境中的焦虑。

督导协议

第二次督导会谈确定了评价程序和评价标准。我们决定在十周后基于她的具体督导目标进行有针对性的口头评估。之后，我们将共同确定一套评估标准，这套标准将反映：（1）与她已掌握的技能水平相关的咨询任务，（2）包含我们二者在内的教学情境，（3）她的咨询理论取向。

为了提供具体的反馈，我使用了大学课程在两个尺度上制定的标准：（1）与其他同级生相比，她在当前训练水平上的专业表现；（2）与具有博士毕业后三年临床经验的专业人员相比，她的专业表现。在第二个学期结束以及在我们的督导关系结束时，我根据这些标准对她进行了评价。在进行所有的评价时，艾琳和我都会讨论评价的标准、标准的含义以及我对她的专业表现的评判。此外，在每个学期结束时，艾琳和我都会讨论我们的督导活动，包括我们在帮助她学习的过程中出现的任何强项或弱项、下一学期的目标，以及她对我作为督导师的专业表现的评判。在每个学期结束时，她都可以选择继续和我进行督导，或者另选一位督导师。明确地赋予她这一选择的权力，是为了平衡培训阶段的督导关系中固有的权力等级差异。因为在这种关系中，督导师仍然是学生的评价者和专业准入把关人，能决定学生最终能否获得加入专业队伍所需的证书。围绕评价达成明确的协议共识是建立信任关系的重要组成部分，也是SAS模型和《健康服务心理学临床督导指南》(American Psychological Association，2015）中领域 E 的胜任力（评估/评价/反馈）的核心。

对受督者学习任务的后续认识

我用来举例说明 SAS 模型的具体干预发生在第四次督导会谈。但前三次会谈也很重要，让我对艾琳的人际胜任力进行了评估，并为我在第四次会谈中针对这一胜任力领域实施干预策略奠定了关系基础（见图3.1）。

前两次督导会谈时，艾琳还没分配到来访者。在前两次督导会谈中出现了两个关键的临床议题。第一个是，我们讨论了她去年在中心与某位来访者的工作，该来访者最近又试图联系她。艾琳感到焦虑，因为来访者希望与她安排一次社交会面。她一直回避回复该来访者，也想知道自己是否有义务回电。她对来访者在咨询终止后表现得"依赖"感到生气，同时又担心她拒绝来访者的请求会伤害到来访者。我们讨论的第二个议题是艾琳为与新来访者的首次会谈做的准备。在来访者的转介过程中出现了几个复杂的因素。艾琳担心自己是否有能力妥善地接待来访者。她的焦虑体现在她希望事无巨细地规划第一次会谈，以便为任何突发事件做好准备。她潜在的恐惧似乎是来访者会发现她是位不合格的咨询师，然后会拒绝和她工作。

在第三次督导会谈前,艾琳和她的来访者见了第一面。在督导前,我观看了艾琳和这位新来访者的咨询会谈录像。我与艾琳讨论了她对咨询会谈期间所发生的事件的理解,她对这些事件的想法和感受,以及她对下一次会谈的计划。尽管她向来访者传递出一种温暖和接纳的态度,并有效地帮助来访者表达了见新咨询师的担忧,但艾琳向我报告说,她发现来访者有很高的依赖需求,而她(艾琳)可不想"上了照顾她(来访者)的钩"。

总而言之,在前三次督导会谈中出现了三个关键事件:(1)艾琳对那位已终止咨询的来访者联系自己的反应,(2)艾琳担心被新来访者拒绝,(3)艾琳报告称对来访者的依赖"不能上钩"。艾琳的这些反应让我做出了一个假设:依赖和反依赖的主题可能在她的人际关系中起作用。在每个事件中,她都担心来访者可能会过度依赖她,也害怕拒绝来访者或被来访者拒绝。

督导策略和学习任务

我在开展本次督导会谈时提出了一个工作假设,即艾琳可能会因来访者的依赖需求而感到困扰,并且她没有从理论上理解如何以一种治疗的方式处理这种依赖需求。我在本次督导会谈中的目标是观察咨询会谈,并确定艾琳的依赖模式是否在咨询互动中有所表现。如果确实有所表现,我就能确信,聚焦于她对来访者带给她的人际影响的情绪觉察以及聚焦于咨访关系质量的督导决策是正确的。当时我的目标是帮助艾琳探索她对来访者的依赖需求的情感反应，并认识到这种反应可能对咨访关系产生的影响。

我在本次会谈中选择使用的督导策略反映了我对临床教学目标和过程进行概念化的方式。在本次会谈中，我认为总体教学目标关乎艾琳对她对来访者的态度和情感以及她对咨访关系产生的动力影响的情绪觉察。具体来说，帮助艾琳理解自身与来访者的依赖行为有关的价值观、态度和情感是非常重要的。这一目标也反映在我的假设中，即艾琳在依赖/反依赖议题上可能存在着某种人际模式，而这种模式当她进入咨询师角色时就会出现功能失调。因为咨询会谈录像提供了一个极好的机会来观察艾琳在咨访关系中对依赖的反应，所以我选择将这个主题作为我们督导的核心焦点。通过回看来访者似乎要过度换气时的咨询互动片段，我能够帮助艾琳聚焦于她的咨询技术以及她对这一事件的情绪反应。这也让我能够聚焦于她作为咨询师的角色，同时帮助她探索她对来访者的反应的个人意义。我的聚焦点是她在咨访关系中的情绪觉察，及其与她的人际风格之间的关系。

督导会谈分为五个阶段，每个阶段的重点如下：第一阶段引导受训者检视她对来访者通过过度换气表达焦虑的情感反应。为了帮助受训者理解她对来访者的依赖需求的情感反应，我与她简单地探索了她与家人或朋友之间可能包含依赖主题的过往关系。第二阶段包括一个角色扮演练习，以帮助艾琳发现她是如何处理来访者的依赖需求的。第三阶段紧接着角色扮演练习,包括挑战艾琳对被依赖的恐惧以及这种恐惧在督导过程中的表现。第四阶段阐明了受训者对于探索自己对来访者的情感反应的阻抗,以及在咨访关系中明显存在的反移情。第五阶段探索她对咨访关系和自身人际行为模式的卷入的理解,并在结束时给予她在专业角色中提高自我觉察的建议。

要理解我用来促进受训者理解咨询过程及其与她自身人际模式的关系的督导策略,最好的方式是研究督导过程是如何展开的。在每个阶段中使用的具体干预措施都在 SAS 模型的框架下做了讨论,并用逐字稿摘录进行了说明。

阶段 1:受督者个人价值观与来访者需求的冲突

在这段摘录中,艾琳首先描述了她对来访者在咨询会谈中可能过度换气的担忧,以及她对处理来访者这种焦虑的身体表达方式的恐惧。

艾琳:好吧,我认真地看了录像的开头,我真的认认真真地看了。我想到的第一个问题是,我和她走得太快了吗?我觉得不快。我觉得我所做的事都不矛盾,我对我的处理方式也感到满意。虽然，我当时真的很焦虑，因为我想我说过，我不知道她是不是真的会过度换气，但她可能会的，我可不想让她当场"焦虑发作"。我不知道该怎么处理过度换气。我也不想让她觉得她可以对我做出这种事。

尽管艾琳继续讨论了来访者的哭泣，以及她认为她作为咨询师没有太用力去"推"来访者，但我认为进一步深究她刚才的评论是很重要的："你刚才说——我没有太理解你所说的，你说你担心自己不知道如何处理过度换气，还有你不希望她觉得她可以这么对你。"她的反应对于理解她对过度换气的恐惧非常重要，因为这与患者的依赖需求有关。

艾琳：我可不想促成任何让她不得不依赖我的事发生。再说这种情况跟医学更相关吧。首先，就我掌握的知识，我都不确定你到底怎么了。

我接下来的干预是努力探索艾琳的焦虑是不是主要由来访者的依赖需求所引发的。因此，我的干预策略着重于让她就自己对来访者的反应进行情绪觉察。

督导师：我认为她对你的依赖里面还有别的什么东西，这个我们之前讨论过。这个东西就是：事实上，她的伎俩就是过度依赖，像个小孩子一样。而我们看到这种需求以一种焦虑的形式表现出来，使我们不得不去照顾她。这会激起你的恐惧，让你害怕她会依赖你吗？也许"恐惧"这个词太强烈了？这种恐惧仅源自她的行为吗？

值得注意的是，艾琳的回答是"不，我想不仅是因为她"，从而承认了她的情感材料在她对来访者的依赖需求的反应中所起的作用。她进一步解释了最近发生的一件事，这件事导致她无法骑自行车，而这是她除了乘坐公共汽车或搭朋友的便车外唯一的交通方式。这件事极大地威胁了她的独立感。在接下来的交流中，我开始探讨她在其他人际关系中的依赖经验。

艾琳：我想我无法以我希望的方式照顾自己。也无法，在某种程度上，以我已经习惯的方式去照顾自己了。

督导师：就好像你被暂时剥夺了这种能力。我能想象你有多努力才实现了独立——尤其是考虑到你的视力缺陷。所以从你手上把它夺走，哪怕只是一点点，对你来说都是很难的。

艾琳：这对我来说是一件非常核心、非常要命、非常关键的事。我想是因为我小时候受到了过度的保护。所以，要成为我自己，我理解的方式就是，我必须自己凭自己的努力做到。所以我不使用"独立"这个词，因为我不认为我独立于他人,但我很自给自足。

督导师:是的,这就是你希望她也能做到的。所以,当她需要你的干预时,你会变得非常脆弱,你可能会想:"天哪,你都不能做到自给自足。"但你无论如何都不会说出口。

艾琳:嗯——

督导师:你可不想过度保护她。

艾琳:我想这可能就是我对这件事的情绪反应方式。我认为从逻辑上讲,我会很开心看到有一些依赖,它可能会非常有帮助、非常有用,我们应该可以有效地利用它。

督导师:那是你的脑袋在说话。

艾琳:是的。

督导师:是的,我知道你可以把它概念化。

艾琳:是的,我可以把它做很好的概念化(双方都笑了)——把那些我无法理解的东西。

从 SAS 的角度看,艾琳源自家庭和她本人的关于独立与依赖的价值观,对她如何理解和回应来访者的行为产生了重要影响。这些长久以来的情绪价值观在督导过程中也发挥着重要作用。

阶段 2：面质受督者的焦虑

督导关系为咨询师提供了一个机会，可以发现自身的人际需求和人际风格与他们和来访者的动力学工作之间的关系。督导师可以明智而审慎地将注意力引向即时的督导相遇（encounter）的各个方面，以阐明咨访关系中可能存在的重要过程。在充满信任和相互性的关系中面质督导过程中的即时事件（immediacy），对于战胜和减少咨询师对深层情绪觉察的阻抗而言至关重要。我冒昧地引用了一段很长的摘录，以展示逐步深入的即时化干预方法——用支持/分享策略挑战咨询师——随后逐步降低互动强度。在干预的最后阶段，受训者开始将她对我的干预的情绪反应与她对来访者的依赖的恐惧，以及她对自己在生活中变得依赖的恐惧结合起来。

艾琳：我感觉真的，我不知道为什么现在，如此脆弱，但今天早上我摔了一跤……这真的让我很震惊，我不明白。但其实这只是一件小事。

督导师：所以——所以你会觉得，哪怕到了今天，你也会感觉到（艾琳插话：是的）自己的脆弱、虚弱。

艾琳：是的。

督导师：我知道这并不是一件令你发笑的事，尽管你脸上在笑，但它确实触动了你，也让你很不安。看，她就在这儿，她在寻找什么，她想要什么（督导师坐在椅子上前倾身体靠向受训者）：照顾照顾我。照顾照顾我。照顾照顾我。

艾琳：而我最初，第一反应是，呃——我想到的那个词是幽闭恐惧症。就像你侵占了我的一部分空间。

督导师：比如当我靠向你的时候。

艾琳：（插话）是的，是的。

督导师：……就像这样（督导师坐在椅子上挪得更加靠近受训者，并长时间保持该姿势）。

艾琳：我感觉都没有让我喘息的空间了。

督导师：当我这么做的时候，感觉上是我正在侵犯你的空间。

艾琳：嗯哼，嗯哼。我对你的反应是，我不想我的空间被你侵犯。

督导师：你觉得有部分原因是我现在在依赖这个议题上向你施压，而你感到很脆弱吗？

艾琳：不是，呃——呃——我想我只是不想去感受这整件事……

督导师：你能帮帮我吗？你能帮我更多理解一些吗？为什么我向前靠，你就感觉像是在入侵？

艾琳：这里面好像有某种强烈的要求？向我要一个我没有的东西……不管那东西是什么。

督导师：就好像在逼迫你，在说"我需要它，我要你把它给我。我需要……"。在这里,我不确定我们怎么把这两者分开,或者是否可以把它们分开,但这里确实有两件事在同时发生。一件是我扮演了你的来访者的角色,对你说,我需要你给我某个东西。另一件是,我此时此刻强行挤入了你的空间。

艾琳:嗯哼。

(长时间沉默。)

督导师:我需要你帮助我理解你的感受,帮助我对你和来访者之间遇到的问题进行概念化。

艾琳:但我觉得这不是个问题。我很清楚我们之间发生了什么。也许我并不清楚?我可能只是把它们做了一个很好的隔离?但乍看上去真的很清楚。呃,我想,当我想不出某些东西,当我没法理解它,或没法从不同的角度看待它的时候,我就会感觉到压力。

督导师:但是,那时候,角色扮演让它凸显出来了,也就是当她说——

艾琳:(插话)嗯哼。

督导师:"照顾照顾我。照顾照顾我。照顾照顾我。"

这段摘录呈现了一段富有张力的督导过程的高潮部分,这个过程揭示了咨询师深层的情绪体验及其坚守的价值观。因为这些情绪和价值观可能会干扰来访者的治疗,并且这是艾琳专业发展的重要领域,所以我冒了一点风险,在督导的情境下扮演了来访者的角色以挑战艾琳。

阶段3:挑战咨询师的反移情

在接下来的这一节,我将关注点从咨询师在督导的角色扮演过程中的情绪体验,转回咨访关系及其与督导关系中的即时事件的联系。咨询师开始将自己过去对依赖的情绪反应与当前对来访者的反应结合起来,从而努力打破咨访关系中出现的反移情。

在接下来的交流中,我从督导关系上转移,将受训者的情绪体验与来访者在咨访关系中对需要的表达联系起来。我的目的是帮助艾琳使用她新获得的情绪觉察对来访者的动力进行概念化。

督导师:你想对她说些什么?

艾琳:我打心底里想对她说什么?(笑)说实话吗?

督导师:是的,说实话。不是用你的脑袋说话。我知道你的脑袋能想出一些很好听的话。

艾琳:是的。我对这件事的反应是——嗯——类似于,"我不知道你想要什么,或者,我没有这个东西可以给……(录音此处听不清)你在向我要某个东西,但我这没有这个东西。"它不是某个知识层面的东西,而是某个能力层面的东西。

督导师：你好像觉得自己没有照顾别人的能力？

艾琳：是的，这是有区别的——（沉默）照顾人在不同程度和不同层面上是有区别的，我在某些层面上可以很好地照顾别人，但我认为她的需求是更深层的。

督导师：好的，让我们试着理解一下。她想从你那里得到什么，或者你认为她想从你那里得到什么？那个层面是什么样的？

（长时间沉默。）

艾琳：从我自己的感知和经验出发，我毫无头绪。我只觉得那个东西真的很可怕，有点黑暗，未知。我看不出有什么区别……

督导师：（插话）嗯哼。

艾琳：……呃，如果用我的脑袋来想，想想它让我想起了什么，那可能是我妈妈和我之间的互动，还有我妈妈在情感层面上没有任何东西可以给我，或者说除了把我拉扯大，她在任何其他层面都没有任何东西可以给我的感觉。还有，把她当反面教材，我还看到什么叫真正充分的照顾人的方式。

督导师：所以你一生中花了很多时间来照顾别人。照顾他们的学习需求。在一定程度上照顾孩子和他们的情感需求。但这位来访者需要从别人那里获得某种东西才能生存，她需要某些近乎原始的东西。这是比"是的，我可以帮助你变得自给自足。是的,我可以帮助你学习,这样你就可以向前迈进,发挥你的潜力。"更深层的东西。还有某些她向你索取的东西,触动了你……

艾琳:我甚至不知道她想要什么。我只知道她正在要求……

督导师:(插话)嗯哼。

艾琳:……很高的要求。

在这一刻,艾琳陷入了一个僵局,她很难表露自己因来访者表达需要帮助而被触发的感受。我继续支持艾琳表露在咨询会谈中出现的感受,尤其是当来访者表现得像个孩子的时候。

阶段4:处理受训者的阻抗

在下面的这段摘录中,艾琳开始从过度换气的象征意义转向她对来访者的依赖需求的恐惧。她很难接纳自己对来访者的反应;当我把她拉回录像中她因来访者的突然过度换气而感到恐惧的那一刻,她也很难理解自己当时的反应。

督导师:当她开始过度换气、喘不过气来的时候,就会带出它①来。至少在这次会谈中是这样。

艾琳：是的，发展得很快。我当然不可能从那个点②一下跳到这个点③。我会停留在更表浅的层面。

督导师：在咨询会谈中？

艾琳：是的，呃，你说那个时候我就开始说话，嗯，我不确定这两者有什么直接的联系。我们之前就讨论过这个问题，但我没法把这两者关联起来。我没有忽视这个问题。只是要转过弯来不那么容易。这个问题——说到她的过度换气——就我看来，我还是觉得它……呃……就是个身体方面的东西——对，它……并不意味着对我提出一项真正重要的基本需求。

督导师：嗯哼。其实本质不在于过度换气，但不知为什么，当我们谈论它和处理它时，当你提到它时，那个东西④就在那里。而你下决心说："我可不想因为她想依赖我，我现在就要去照顾她。"

艾琳：有意思。情况可能恰恰相反⑤，不过也没关系。呃（停顿）……如果那个基本需求，我现在还不知道它到底是什么，似乎给她也没什么问题，可能也不会让她变得依赖

---

① 指来访者的依赖需求。——译者注
② 指来访者的过度换气。——译者注
③ 指来访者的依赖需求。——译者注
④ 指来访者的依赖需求。——译者注
⑤ 这里受督者说"情况相反"的意思是：我照顾她，就会让她依赖我。——译者注

我，从这个意义上说，我不知道。我刚一下想到，它是（停顿）……它并非一种（停顿）无条件给予某人的东西，不是非要……呃……不是非要那种……（录音此处听不清）我不知道这么说听起来有没有道理，但我刚刚想到的是，这东西本身可能并不会助长她的依赖性，如果从更积极的角度去理解它的话。我真希望我能想明白。

督导师：我想你可能说到点子上了。我想告诉你我从你说的话里听到了什么。那就是"我能感受到它……我跟你说起过它，当我们谈论它时，我能感受到它，也许我之前没有发现，其实我可以把它给别人，给予它并不会剥夺对方的自给自足。给予它并不意味着我对他们保护过度。给予它并不意味着我剥夺了对他们的尊重，实际上他们能够自己照顾自己。"

在这番交流之后，艾琳开始走出困惑，并更深入地探索了她对来访者的反应，以及在咨询中如何给予来访者既不会强化其无助感又能提供支持感的回应。当我问她，在来访者又"像一个小孩子一样说话"时，她会如何与来访者相处，她开始对自己在此过程中所处的位置感到困惑。在下面这段简短的摘录中，当她思考她能给予来访者什么时，她很努力地思索并得到了答案。重要的是，我们现在正在将她对咨访关系动力的觉察转化为能够将行为模式带到治疗层面的咨询技术。

艾琳：我们建立联结的方式有点不一样。身体上的距离大于心理上的距离。呃……我不太愿意（停顿）。当然，我在录像里所做的，是我不太愿意（停顿）评论那种小孩子气。但我知道它就在那儿。我（停顿）我认为，我更多是（停顿）从理智上，而不是从情感上处理问题。

当来访者以一种孩子气的方式表达需求时，艾琳因自己无法回应这种需求而感到脆弱，并且需要摆脱这种脆弱感。当我们认识到这一点后，我请她更深入地审视是什么原因导致她回避与来访者在一起时产生的这种体验。她带着敏锐的洞察回答道："这里含有我的价值评判（长时间停顿）：你都长大成人了，不该表现得跟个小孩子一样。"

随着这一阶段的结束，艾琳对于自己对来访者的依赖的反应有了新的洞察，她的观念开始发生转变；这是一种根深蒂固的家庭和个人价值观，源自她作为一个有视力缺陷的人争取独立的斗争。如果不修通这些感受，她会继续将它们投射到来访者身上，并把来访者推开。在下一段中，我们将看到我对督导教学功能的使用以及她的回应。

督导师：我们有必要再回放一下这段录像，然后我们来看看："你向她传递出了什么信息？"因为通常，强烈的情感信息确实会以某种方式被传递出来。

艾琳：嗯哼。

督导师：来想想看，你想要以什么方式和她沟通，你想要向她传递什么信息，以及这些对她来说意味着什么。你知道我……

艾琳：（插话）知道。

督导师：……你知道我刚才想表达的意思吗？

艾琳：我想你刚才想说的是，我用哪种方式与她建立联结，我事先怎么计划，其实没多大影响，她总是会按她自己的方式将其感受为某种情感上的联结。只有当事情发生之后，我们回过头看，才能理解这种情感联结是什么。这也意味着我不可能在一开始就可以挑选好某种联结方式。我想，我没法绕开一些东西，我也需要一些认真的思考和一些练习。

督导师：我不认为这是你可以掩饰过去的东西。对我来说，在咨询中，"掩饰"是……我想（笑）这个词需要一点儿解释。你知道我所说的掩饰是什么意思吗？在我看来，掩饰是，这里存在着一种非常强烈的情绪反应，而咨询师对他们内心的这种情绪反应感到有点羞愧。所以，尽管他们意识到了这一点，但是他们并不想看见它，而是试图用头脑来掩饰它。用理智做合理化，用精巧的策略做概念化，用强有力的理由来回避情绪。你同意我的说法吗？或者说，你听完之后有什么感觉？

艾琳：我在这方面有一定的脆弱性，但，呃……我想，我可以尝试带着这些情绪反应，以不同的方式来倾听她，以更在场而不是更疏离的方式。然后看看这么做对我会有什么影响。

督导师：这样你就会更了解这种情绪反应到底是什么。所以，关于这一点，你想告诉我的是，虽然它对你来说还有一些模糊，但在某种程度上，你已经开始以不同的方式理解它了。

艾琳：嗯，我现在还觉得很惊讶，直到你开始角色扮演，它才如此强烈地浮现，而且它指向一个我从未知晓的领域；看来我对这个幽暗的领域一无所知。我觉得非常非常害怕。

阶段5：规划受督者的个人成长——教学还是治疗？

在督导会谈的最后阶段，我邀请艾琳和我一起回顾更多的咨询录像片段，重点关注那些她进行了有效干预并对来访者产生了良好疗效的方面。看起来这位来访者与咨询师讨论自己的艰难处境且不要求被拯救的能力有所提高，并且艾琳在来访者哭泣时进行了良好的共情。录像片段引发了一场更为聚焦的讨论，关于当来访者情绪崩溃并陷入困惑时，她可以使用哪些咨询策略。值得注意的是，当我们回看与来访者的依赖主题有关的录像片段时，艾琳开始能够识别她的反应及其对咨询过程的影响。

> **艾琳**：是的，这使已经发生的事情变得非常清晰……
>
> **督导师**：嗯。
>
> **艾琳**：另一方面，她是一个催化剂，因为她确实就是一个催化剂，这挺好的，但我不想强加给她任何东西。
>
> **督导师**：对这一点我们需要小心谨慎些。我理解你刚才所说的，这就是为什么我们要通过工作来做到这些：理解、澄清到底发生了什么事，她需要什么，从治疗角度你可以给她些什么。我想让你清楚"我能给什么，不能给什么，如果我能给，我能从治疗的角度给吗"。
>
> **艾琳**：现在……呃……如果我发现——我不是在做预判——但是如果我发现……呃……如果那里没有太多孩子气的东西，我想我可以轻松地去应对。我可以选择去做的，不仅是作为旁观者去看这些孩子气的东西，我还可以依旧和她待在一起并处理自己的那部分东西。你怎么看？

在艾琳最后的这些评论中，她意识到做好自身工作的重要性，并担心自己可能无法处理好自己的感受。她质疑自己能否有效地与来访者待在一起。最后，她向我寻求确认——她能否有效地应对这种情况，并学会从治疗的角度给予来访者某些东西。这是一项重要的学习任务，因为它可以让咨询师看到自己的情感材料在咨询工作中的重要性,以及咨询师本人接受咨询的必要性(以便能够区分自己和他人)。在这种情况下,我建议艾琳去做咨询,在咨询中提升觉察力,并着意明确了我们的边界和督导协议,约定在督导中仅讨论与来访者相关的情绪感受既往史,而对情绪感受的更深入的工作应当在她的咨询师那里进行。

小　结

本次督导会谈的主题可以说是一次初步信息收集,针对的是受督者对来访者表达的依赖需求的反应。对这方面的探索引发了督导干预,以促使艾琳审视自己在咨询师角色中的行为的个人意义。督导揭示了艾琳害怕依赖的既往史背景,并利用这种觉察帮助艾琳理解她的人际模式在咨访关系中的反移情表现。虽然一开始艾琳不愿接受在咨访关系中的依赖/反依赖角色,但她最终还是认识到这在她的个人和职业生活中的重要性。会谈以我和艾琳一起合作制定咨询策略告终,这些策略能帮助她与来访者开展治疗性工作。艾琳开始观察自己在咨询师角色以及与这位来访者工作中的其他方面,并能将这些方面关联起来。会谈结束时,我建议受训者继续探索她对来访者的依赖的情感反应,以及这对治疗性相遇的影响。

在整篇逐字稿和我的评论中,SAS 模型中的一些维度开始凸显出来。在图 3.2 中，粗体字项目突出了那些影响我做出督导决策的最重要的维度和因素。虽然该图没有反映出会谈中工作焦点展开的顺序，但它确实表明了仅在一次督导会谈中就会出现多么错综复杂的影响因素。

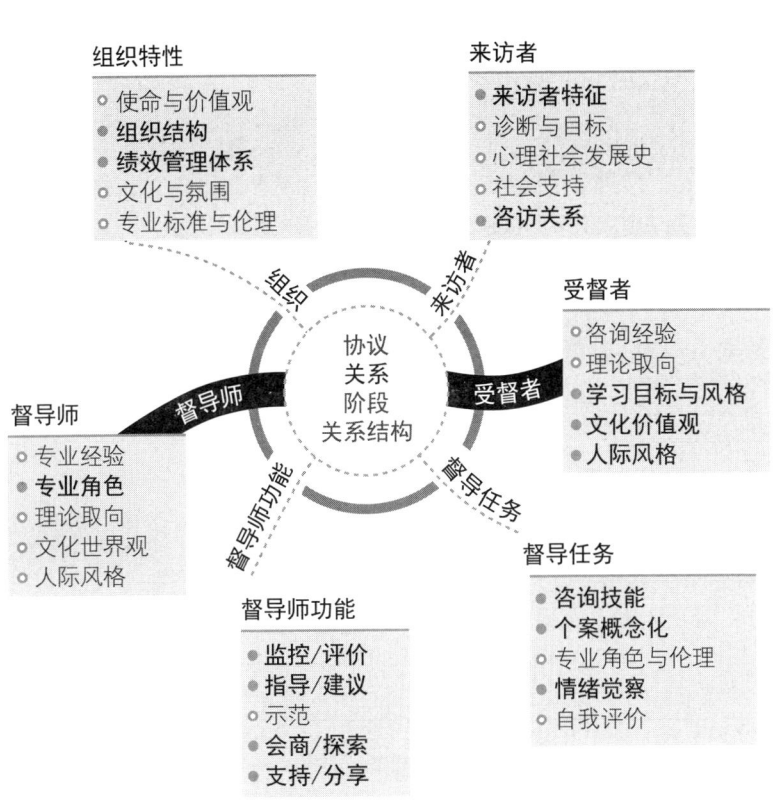

图 3.2　督导个案的 SAS 分析

注：粗体字项目表示督导聚焦的主要维度和要素。

对督导的个案概念化

探索的目的是帮助艾琳关注她的情感自我（她最初的督导目标之一），并确定她对该来访者的反应所反映出的，是一种根深蒂固的人际行为模式，还是因为缺乏应对来访者的焦虑反应的经验而出现的特例。

建立一种鼓励坦诚和信任的关系，同时不放弃专业评价的责任，并最终赋权受训者成为一名自主工作的专业人士，是一项具有挑战性的任务。在我与艾琳的工作中，我的干预旨在让她有机会探讨咨访关系中的依赖／反依赖主题。艾琳对自给自足的需要以及她因视力缺陷而需依赖他人的脆弱性，都是这项探索中的重要因素。我想给予她足够的空间，让她找到自己的策略来处理咨访关系材料中呈现的人际关系问题。我很早就以这样一种可能性与她进行了面质：这些问题可能不仅源于她报告的自己缺乏处理过度换气的经验。

随后，我利用她的阻抗，探索她对人际依赖的恐惧以及她对于高度独立的个人渴望。她坦露，她贬低了来访者的依赖需求，并对这些需求产生了负面印象。考虑到她的视力缺陷既往史，以及她在人际关系中的反依赖反应，在我看来，这似乎是她自己对依赖的恐惧所造成的结果。我没有直接指示她在咨访关系中以某种特定的方式行事；我也没有直接指示她在她自己的咨询中解决这个问题。我的假设是：鉴于她的反依赖需求，她会抵制这种直接指示。相反,我打算邀请她对自己的情绪反应进行自我觉察,并帮助她理解这种反应及其在咨访关系、督导关系和她的外部世界中的意义。

在会谈结束时,我给她布置了一项结构松散的任务,让她接触这些情感和态度议题。不过,我也表示我知道她可能有自己的解决这些问题的方式。请注意她的反应:事实上,她确实有自己获得觉察的方法。我相信,如果我让她自己负责处理这个关键问题,如果我成功地利用督导关系让她发现依赖/反依赖的关键本质,她会自觉地处理它。这种信任基于我看到她对成为一名咨询师的强烈责任感,她挑战自我的需要,以及我们建立起的积极的学习同盟。而如果我命令她处理这个问题,我预计她会将这个问题在她的人际关系中的重要性最小化,从而进行抵制。

选择这一策略的另一个意图是,我希望在她的问题解决计划中引入一些模糊性。我不希望她过早地解决这个问题,而且我知道,鉴于她的学习风格,在压力下她会倾向于直接解决问题和使用更结构化的方法。我建议她通过冥想了解自己的感受,而不仅用理性思考这个问题。聚焦于这一点与我之前面质她"用脑袋"做反应的思路是一致的。我用来强调情绪反应和即时化的另一策略是对来访者的需求进行角色扮演。这引发了她强烈的被入侵的反应。

督导中需要考虑的另一项因素是督导关系的动力,以及这些动力如何反映咨访关系中的动力问题。在这种情况下,我觉得对我而言，重要的是不要在督导中过分强调她的依赖或反依赖需求。我没有直接面质我所感受到的、她对我越来越深的依赖，我正在逐渐成为她生活中一个强有力的影响源。然而，在我们后来的督导关系中，这成了一个重要的动力，因为她后来想要在我们之间建立一种平等互惠的关系，同时需要理解她自己相较于其他学生对我的占有欲。

在整个学年中，艾琳继续致力于处理来访者在咨访关系中的依赖问题。这使她理解了咨访关系中卷入的作用，以及拥有了在情感上回馈来访者的意愿。艾琳在本次会谈后不久就去寻求咨询，证实了她的依赖和反依赖模式在其他情感强烈的、重要的关系中都表现得很明显，并非在某一情境中才会出现的特例。她讨论了她寻求咨询的意图以及改变这些人际模式的愿望。她与来访者的咨询工作继续取得进展，并且她能够允许来访者与她一起解决依赖问题。

艾琳对自己处理模糊不清的情况的能力变得更加自信，更相信自己的直觉反应，并认识到自己作为咨询师的潜力。在我们终止督导关系时我对她的工作做出的评价，反映了她在咨询师角色、情绪觉察和自信方面的显著进步。我们的督导关系一直是积极的和助长性的。修通艾琳对我的依赖是有必要的，因为她把我当成对她的咨询技能做出积极评价的唯一来源。终止督导时，我们双方都同意将她转介给另一位督导师，该督导师可以帮助她继续成长。我觉得她需要与不同的人一起工作的经验，并且能感受到自己依旧是被重视的。她已经为这种改变做好了准备，并以积极的、适当的方式结束了我们的关系，而没有表现出依赖或反依赖的问题。

这一督导个案是一个生动的例子，说明了根深蒂固的情绪体验和个人价值观如何影响受督者的个人、咨询与督导关系的特征和结构。这种动力会不断重复，直到模式被打破，并转变为更具功能性和适应性的人际过程。

第四章 SAS 模型在督导教学中的应用

我已经描述了如何使用督导的系统方法（SAS）模型的七个组成部分来分析督导过程。这七个组成部分包括督导因素（任务和功能）、督导关系（包含督导师和受督者）以及情境因素（组织和来访者）[①]。尽管出于说明的目的，这些因素是被单独讨论的，但如前面的个案所示，这些因素相互关联，通常会同时出现在同一次督导会谈中。在本章中，我将讨论使用 SAS 进行督导教学的方法，还提供一些相应的练习，帮助督导师了解模型的要素、自己与当前督导过程之间的关系，以及自己与受督者的关系。

在我从事咨询心理学教学的整个职业生涯中，我一直在教授督导理论，并给新手督导师做督督导。这些新手督导师是被授权的博士生，他们督导硕士生水平的新手咨询师从事咨询实践。这些经历使我认识到咨询、督导和督督导这三种不断发展的教学与治疗关系之间的相互关系。

督导师的胜任力

对督导师的培训推动了胜任力的发展，在此我想援引由美国心理学会颁布的《健康服务心理学临床督导指南》（APA，2014）。2015 年，作为"确立心理学专业实践胜任力指南运动"的一部分，美国心理学会颁布了心理学专业实践的督导师胜任力标

---

① 对因素/维度/组成部分的划分和描述可参见本书第一章。——译者注

准（competency criteria for supervisors of professional practice in psychology）。该标准将督导师胜任力分成七个主要类别并进行了相应描述。SAS 模型涵盖了所有的这些胜任力领域，本章中介绍的督导师培训练习和案例分析也与这些胜任力领域相关。表 4.1 列出了每一个胜任力领域及其在 SAS 模型中对应的培训领域。虽然没有完全一一对应，但很明显，SAS 模型致力于指导督导师在广泛的实践技能领域获取知识和训练。

表 4.1 督导师胜任力与 SAS 模型

胜任力领域	SAS 模型中的维度	SAS 模型中的要素
领域 A：督导师胜任力	督导师维度	专业经验；实践领域中的关系结构（positionality）
领域 B：多样性	督导师维度	文化价值观与世界观；人际风格
领域 C：督导关系	督导关系	协议；关系阶段；权力结构
领域 D：专业性	督导师功能	示范；指导
领域 E：评估/评价/反馈	督导师功能	监控与评价
领域 F：专业胜任力问题	督导师功能 受督者任务	监控与评价 咨询技能、个案概念化、情绪觉察、自我评价
领域 G：伦理、法律与规范方面的考虑	督导任务 机构/组织维度	专业角色与伦理 政策、标准、指南、法律方面的考虑

注：SAS 为 System Approach of Supervision 的简写，即督导的系统方法。

教导督导师

任何关于督导培训的讨论都包含各种不同的关系,它们或直接或间接地构成督督导的一部分。对受训督导师进行小组督督导是一种常见的教学模式。在对督导实践进行的小组会商(group consultation)中,不仅存在每位受训督导师与培训师[①]之间的关系,还存在各位受训督导师组员之间的关系。此外,每位受训督导师可能督导多位受督者,以及,每位受督者还可能有多位来访者。所有上述关系并不一定都会在小组中被明确讨论;督导师也不会详细了解所有这些关系。然而,当受训督导师组员在小组中提出某个议题时,他们的观点都会受到他们对这些不同的关系与情境的观察和经验的影响。

任何关于督导教学的讨论都必须包含对督导实践和咨询实践的讨论。督导教学、督导实践和咨询实践这三个过程是彼此相连的:它们在小组会商中同时存在(concurrence),并通过督导师角色和受督者角色连接在一起[②]。由于这三种教学和实践情境很容易混淆,为了清晰起见,我将它们命名如下。

1. 咨访关系:指受训咨询师的某一个或所有的咨访二元关系

---

① 即督督导师。——译者注
② 原书作者建议结合图 4.6 进行更好的理解。三个过程(三个圆)通过督导师角色(连接第一个圆和第二个圆),和受督者/咨询师角色(连接第二个圆和第三个圆)连接在一起;并且这三个过程在小组会商中是同时存在的。——译者注

（dyads）。

2. 督导关系：指督导师的某一个或所有的督导师－受督者二元关系。
3. 会商小组：指由若干受训督导师和一位培训师组成的小组，目的是讨论并学习督导实践。

通过理解这三种关系情境之间的联系，可以进一步阐明小组督导教学中的任务和过程。小组会商可以处理在上述三个相互连接的情境中出现的任何角色或议题。督导会商小组的核心目标是处理与每位组员的督导专业表现相关的问题。督导师面临三个核心任务：我应该教给受督者什么？我应该如何建立一种有助于受督者理解教学目标的关系？来访者的福祉是否受到威胁？

SAS 模型旨在提请督导师关注那些对咨询过程或督导过程中的重要因素产生影响且对提高受督者的学习没有帮助的因素。在 SAS 的工作坊中，一开始的关注点往往是让受训督导师识别关系中令人担忧的、困难的或陷入僵局的部分。受训督导师感受到关系中的情感联结、受督者对反馈的开放程度或关系的相互性发生了转变，这通常预示着可能存在某些学习上的或关系联结上的障碍。关系质量的恶化、让督导师和受督者间的联结减弱的转变和变化，可能会在无意间转移到咨访关系中，从而妨碍来访者的进展和治疗。

参考 SAS 模型可能有助于督导师识别造成当前困境的根源，

看到这些因素如何彼此关联,并如何影响上述的三种关系情境。在督导教学中,我鼓励督导师在反思他们的工作时思考以下问题。

1. 在引导督导过程时,哪些因素会影响小组组员的判断?
2. 他们在进行决策时会依赖情境因素的哪些特征?
3. 哪些特征被他们忽略了,但经过反思被发现在设计督导教学方式时似乎很重要?
4. 他们在督导中倾向于扮演什么样的角色?这些角色对学习的发生是最有助益的吗?
5. 他们针对特定受训者的督导任务是什么?

尽管SAS的每一个情境因素都会对督导决策和督导过程产生影响,但本质上,参与该过程的个体都会过滤和处理这些因素。督导关系的质量和特征的决定性因素是共同参与教与学体验的个体。因此,我在讨论策略时,会先对督导师和受督者进行更全面的讨论,重点关注他们在督导的专业情境中将什么带入了关系。

理想的督导师被描述为具有高度的共情能力、理解力、无条件积极关注、灵活性、关怀、注意力、投入、好奇心和开放性的人(Carifio & Hess, 1987)。尽管这些个人特质在任何关系中都很有价值,但这些描述几乎完全集中在个体内(intrapersonal)和人际间(interpersonal)的特质上。所有人都会将自身的人际特质、知识、能力和文化价值观带入督导。即便如此,督导师还是可以以独特的方式表达这些特质,并将此作为建立督导角色的基础。督导师可以通过审慎、系统和与专业角色相关的方式运用自己具备的人际技能和临床知识,以增强自身的人际风格。

在第一章中,我介绍了探究特定督导师特质和技能的显著性的研究结果。现在,我采用一种更务实的方法来提升与督导师专业表现相关的五个要素:咨询和督导方面的专业经验;工作环境中的专业角色;咨询的理论取向;文化价值观,包括世界观、家庭和个人价值观;人际风格,包括自我表现(self-presentation)、情商和人际交往能力(见图4.1)。

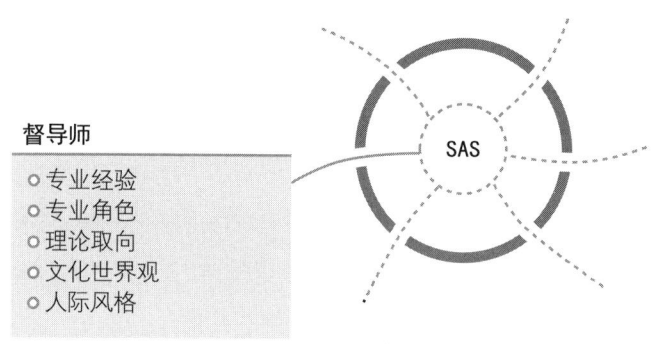

图4.1　SAS模型中的督导师影响因素

与新手督导师一起工作时,让他们反思自己带入关系中的特质和技能是很有价值的。随着督导师变得越来越成熟,他们反思的特质和胜任力列表就是一张用于思考督导关系僵局的很好的核查表(checklist)。例如,督导师的人际风格可能是指导性的（directive），而鉴于受督者的文化和家庭史，受督者会觉得这种指导性行为是压迫性的、苛刻的。觉察并认识我们的态度和特质如何影响督导的学习同盟，对于理解和适应教学时刻至关重要。在督导教学中，我会将下面的练习作为一个开场，以帮助督导师进行自我觉察，并认识到在督导师胜任力中发挥重要作用的因素。

练习：督导师的自我觉察

请督导师两人一组进行对话，反思自己作为督导师和受督者的经历与经验。其中一人扮演访谈者的角色，另一人扮演受访者的角色。让访谈者引导受访者以督导师的身份——谈论 SAS 模型中督导师维度的五个因素（见图 4.1）。对话结束后，每位参与者应完成一份简短的备忘录（最多写一页）。督导师可能会反思他作为督导师（受访者）时对自己多了哪些了解。访谈者可能会反思他从受访者身上、从督导或作为访谈者的经验中新学到了什么。之后，两人可以交换角色并重复刚才的练习。每一轮访谈和备忘录写作大约需要 30 分钟（总共 60 分钟）。

受督者

新开始一段督导关系的督导师常利用第一次会谈的机会收集信息。在这次会谈中,督导师试图详细了解受督者的专业和学习经历、需求、个人特质和人际风格。SAS 模型列出了五个与理解受督者的专业工作和促进学习环境密切相关的因素。这五个因素与督导师因素相似,但更加强调受督者的学习风格、咨询经验和督导经验的重要性。这些因素包括:(1)咨询经验,如设置、情境、接受过的督导的类型;(2)受训者根据其经验水平所理解的咨询理论取向;(3)学习目标与风格(最佳助长条件是同时提供支持和挑战);(4)文化价值观,如世界观、家庭和个人价值观;(5)人际风格,包括自我展示、情商和人际交往能力(见图 4.2)。督导师可以练习在根据这些主题收集信息的同时,以一种建立助长性督导关系的方式与受督者互动。对首次会谈至关重要的第二个方面(可能需要一个半小时才能涵盖所提到的所有材料)是督导协议的性质。对时间安排、会面地点、出勤、准时和频率等的

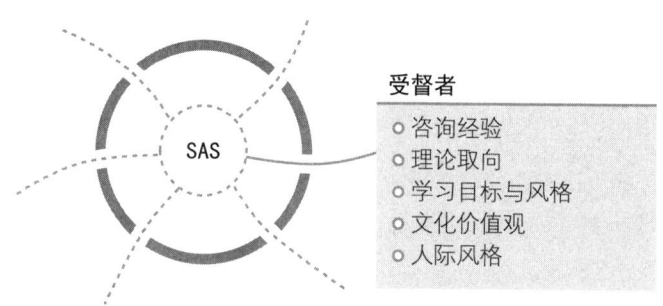

图 4.2 SAS 模型中的受督者影响因素

期待不仅取决于督导师和受督者，还取决于执照授予、认证指南以及法律规定。

练习：聚焦于受督者

请督导师结成小组，一个人扮演受督者，另一个人扮演督导师。您还可以增加一个观察者的角色，以对互动过程进行反馈。让督导师和受督者一起讨论SAS中受督者维度的五个因素（见图4.2）。本练习旨在收集有关受督者的经验和特质的信息，并利用这些信息来规划干预培训。督导师可能会考虑在与新受督者的第一次或第二次会谈中使用这些主题进行讨论。这一互动通常需要大约30分钟，另外还有15分钟用于反馈和讨论互动的关键方面以及受督者的受训需求。

来访者

一个重要且经常被研究的领域是与心理治疗过程和结果相关的来访者的各种特征。被研究的特征和变量包括社会阶层、人格特征、年龄、性别、智商、种族和族群。其中一些特征在确定进行短程还是长程治疗，抑或提前终止治疗更合适时具有一定的实用价值（Garfield，1994）。然而，相较于那些特定的诊断性特征，这些更一般的来访者特征尚未在督导和（或）培训的情境下被研究过。但是，在实践中，督导师在确定咨询师和来访者是否匹配以及解决咨访关系中可能出现的各种困难时，常常会考虑来访者的年龄、族群、性别和种族（见图4.3）。那些研究来访者与治疗师性别和（或）少数民族身份匹配性的文献表明，来访者似乎更偏好与自身族群相似的咨询师，但这一结论在实证文献中并不一致（Coleman，Wampold & Casali，1995）。督导师应该意识到，社会赞许、态度和价值观等变量可能会极大地影响咨询师发挥其效能。治疗无效可能是由于来访者和治疗师之间缺乏相似性，而不是因为来访者和（或）咨询师的其他特征阻碍了来访者的进步。

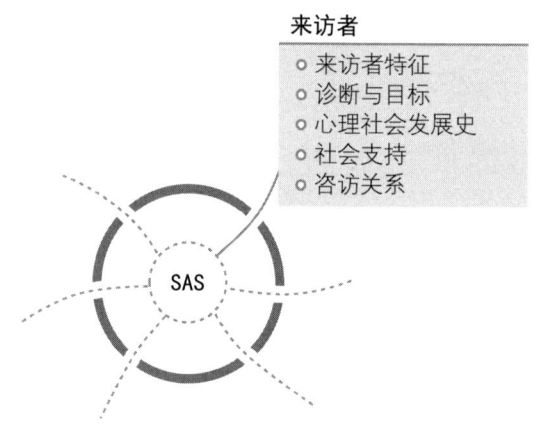

图4.3 SAS模型中的来访者影响因素

咨访关系是理解不同治疗策略和受督者效能对治疗关系建立的影响的重要基础（Holloway & Neufeldt，1995）。对督导师来说，关系动力在督导环境中的重现（reenactment）是一个常见的现象，这一现象被称为平行过程（Ekstein & Wallerstein，1958；Gross Doehrman，1976）。当处于督导关系中的受督者无意识地将咨访关系的核心动力过程见诸行动（act out）时，就会出现平行过程。受督者可能感到和来访者工作起来很困难，并且感觉无力通过治疗改变这种状况，因此他会采取与来访者的阻抗形式相似的人际策略。如果督导师没有识别出这种动力是咨询情境的一部分，也没有意识到受训者的无力感，那么督导师可能会扮演与受训者在咨访关系中所扮演的角色相似的角色，与这种重现形成共谋。显而易见的结果便是督导会陷入僵局。识别出平行过程的督导师可以直接对受督者进行干预，从而打破督导僵局，同时给受督者示范有效的人际策略。因此，通过有效的督导干预，受督者开始从经验上和理论上理解来访者行为的意义，并能够恢复以治疗的方式应对问题的功能。

练习：识别平行过程

此练习旨在揭示督导中的平行过程。如前所述，当受督者无意识地在督导关系中将咨访关系的僵局见诸行动时，就会出现平行过程。如果督导师没有识别出这种动力并做出干预，他们可能会无意间在督导中复制一个平行过程，从而导致督导僵局。培训师可以先播放一段简短的咨询互动录像，然后由培训师（或知晓详情的同伴）扮演受督者，小组的一位组员扮演督导师。督导互动在小组面前进行，受督者要制造一个会在督导中产生平行过程的困境。演示大约需要 25～30 分钟，之后小组可以使用 SAS 模型揭示平行过程的结构。[有关平行过程的培训情境和用 SAS 对此进行分析的实例，可参阅霍洛韦（1995）以及本书第二章。]

实践设置

尽管埃克斯坦和沃勒斯坦（Ekstein & Wallerstein, 1958）在督导菱形（rhombus）[①]中提到了情境或机构，但当前的督导模型往往忽视了受督者在其中从事实践的组织或机构的具体特征。专业标准、人力资源政策和文化规范等属性，都会影响来访者服务的提供以及培训和督导的类型。SAS 模型确定了督导师在决定向受督者推荐某些临床行动并考虑其可行性和适当性时需要考虑的五个因素。这五个因素在图 4.4 中被命名为使命与价值观、组织结构、绩效管理体系、文化与氛围，以及专业标准与伦理。

[①] 埃克斯坦和沃勒斯坦在其著述《心理治疗的教与学》（*The Teaching and Learning of Psychotherapy*, 1958）中，用一个菱形表征了心理治疗培训所涉及的主体和互动。菱形的四个顶点分别代表管理机构、督导师、治疗师/学生和患者。——译者注

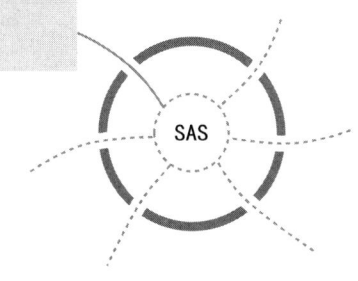

图 4.4 SAS 模型中的组织影响因素

在某些情况下，督导师可能是受训者从事实践的组织之外的人员。在这些情况下，督导师需要与组织就受督者和来访者信息的保密、督导的来访者个案量的期待值以及督导的提供等事项达成清晰明确的协议。督导师应收集 SAS 模型里组织领域中每个方面的信息。这些因素中的每一个都会影响围绕督导焦点做出的决策、对如何提供服务的期待、分配给受督者的来访者类型，以及工作人员之间的关系。督导师对服务机构的运作和规范的了解将有助于使督导实践符合督导师与服务机构及与受督者达成的正式协议，也符合督导师的专业责任。下面的练习旨在帮助督导师觉察督导内嵌于其中的多方协议（multihanded contracts），以及对于受督者与机构及与来访者的工作来说，防止在这些协议间产生三角关系有多么重要。

练习：组织与就协议达成的共识

请督导师组成3~4人的小组，其中一名组员作为志愿者接受其他组员的访谈。志愿者应准备好讨论其工作的组织环境的各个方面，并能提出一个由组织结构导致的、与督导有关的具体问题困境。小组可以参考图4.4中组织维度的因素。小组成员可以询问有关组织环境的问题，以揭示可能导致督导师所面临的困境的组织特征。这个练习通常需要30分钟左右，它有点像一个侦探游戏：组员试图找到组织中与督导有关的问题的本质。

教学过程

督导师可能会使用许多不同的策略进行教学，在SAS模型中，这些策略是围绕着督导师角色的功能来组织的。本书前面已经讨论了与这些督导师角色相关的研究。这里要讨论的是如何将这些功能性角色转化为能有效创造学习环境并促进督导关系的互动过程。

虽然角色的使用与特定的学习任务之间没有精确的匹配关系，但通常某些功能和任务会更频繁地同时出现。例如，"建议"和"示范"功能可能特别适合"专业角色"任务，而"支持和分享"功能可能在进行"情绪觉察"任务时更自然地发生。尽管如此，哪个功能与哪个特定任务能有效配对,还取决于受督者的学习风格和需求以及督导关系的质量。请注意,关于如何使用某些特定功能来让受督者参与督导,这个选择不仅受学习任务的影响,还受关系、受督者特征和来访者需求的影响。正是在督导的互动过程中,SAS 模型的各个因素才产生影响。

督导师的目标是扩充督导师功能可调用的策略库,以便自己能够在与某位受督者工作的特定情况下根据需要调用这些技能。每位督导师都应具备人际觉察和人际胜任力的基础,并不断磨炼和发展,超越自身的偏向(predilection),以更好地看到在教学时刻需要什么,并能灵活运用自身的技能进行有效的干预。该过程的第一步是了解每位督导师在督导中的自然风格或参与过程的特征。在过程风格的练习中,您可能会注意到,督导师将有机会识别自己在与受督者互动时所依赖的典型角色。帮助督导师拓展自身能力的第二步是鼓励他们使用其他不常用的功能,同时考虑受训者的学习需求和来访者的福祉所产生的重要影响。

练习:分析过程风格

在教学环境中,受训督导师可以主动使用过程舵轮(见图 1.3)来绘制他们的技能发展。让受训督导师回听 / 回看自己的督导互动的录音 / 录像。让他们使用过程舵轮来识别不同的功能或任务,或特定的功能或任务的组合。就某个督导师的督导风格进行 15～20 分钟的交流并完成完整的过程舵轮，会让督导过程变得更清晰、更生动。

对于督导行为的具体认识可以鼓励督导师质疑或反思过去的行为。任务和功能的选择是否主要反映了督导师对特定呈现风格的舒适度？督导师是否在与某位特定的受督者一起工作时更频繁地做出某种选择？或是在督导关系的某些特定阶段更频繁地做出某种选择？任务和功能的选择是否有助于对受督者的赋权？

我们可以从对任务和功能的简单识别中生发出新的问题，鼓励对督导师行动的影响因素进行更深的探索。请督导师思考影响他们选择学习目标和与受督者合作的方法的因素。虽然有时这些因素是显而易见的，但它们也常常只存在于潜在的（而非外显的）互动水平上。督导的情境因素在督导访谈中（在某些情况下，在参与者对其督导行为的评论中）得到了定义和揭示。这项练习将使参与者觉察到督导过程中其他情境因素和受督者因素的持续影响。

督导会商案例

在我多年的督导教学生涯中，我收集了许多督导师为了提高咨询实践教学效果而奋斗的故事。在下面的案例中，我提出了一个在咨询师和受训督导师之间经常出现的主题。新手咨询师常常试图通过使用自己熟悉的、在交友方面很成功的关系策略与来访者建立联系。受训督导师可能会让受训咨询师进行情绪觉察和洞察力方面的探索，而跨越了督导和治疗之间的边界。

下面的会商案例是我和两位新手督导师进行的一对二会商。该案例呈现的内容包括督导师与咨询师陷入的僵局，以及在最后打破僵局的教学策略中发挥作用的关键因素。两位新手督导师在工作中都面临着相似的困境。SAS的过程舵轮以图形化的方式展示了最初的任务和功能以及最后的教学策略（见图4.5）。该过程舵轮旨在强调整个会商过程中焦点的演变，并展示在督导会商

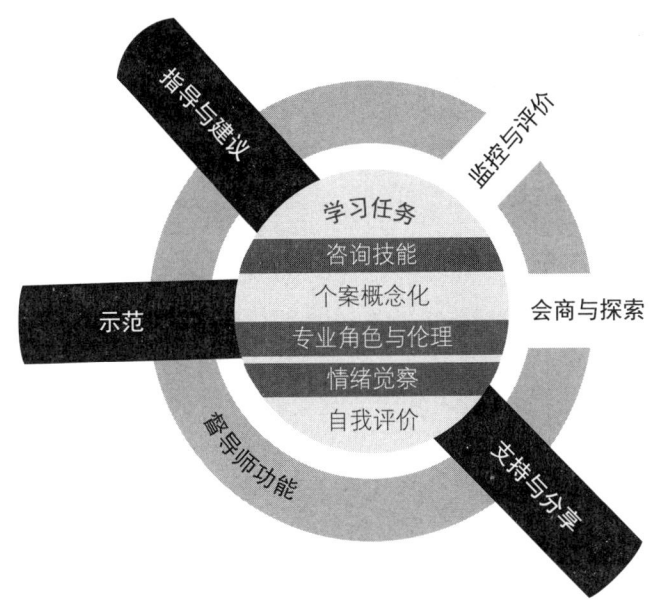

图4.5　督导师的督导过程

注："支持功能加上情绪觉察的学习任务"这一策略最终导致了僵局。这里需要的策略应是：对专业角色进行示范，从而打破平行过程；提供指导与建议，以教授建立治疗同盟的必需技能。

中可以如何以图形化的方式使用 SAS 模型。

督导师的僵局

两位新手督导师都对他们的受训咨询师感到沮丧和恼怒。从他们的角度看，受督者没有参与督导。受督者不愿意谈论自己对咨访关系和督导关系的感受与想法。受督者产生阻抗的原因是什么？两位督导师对两位受督者作为咨询师的未来深感担忧，因为后者无法参与督导过程。两位督导师在临床技能和经验方面都很资深，也都很敬业。他们之所以督导初阶的见习生，是因为他们致力于培养专业人员，也享受督导过程。但今天，他们对督导过程相当不满意！

受训者

督导师和受训者都在一家为低收入者提供服务的小型非营利性社区机构工作。受训者的所有咨询会谈都被录音以供督导。这些受训者都是从其他行业领域进入心理咨询行业的成熟个体。他们渴望学习如何做咨询，并积极参与自己的实习设置。其中一位受督者是已经当了五年教师的欧美裔男性。另一位受督者是女性，具有欧美裔和美洲原住民的双重文化身份；在回到大学接受咨询师培训之前，她曾在社区行动组织中做过非常多的工作。

督导师的故事

两位督导师都带来一个他们在督导中面临僵局的故事。在 SAS 过程舵轮中，僵局表现为督导师支持/分享的功能与将情绪觉察作为学习任务的不匹配（见图 4.5）。

> **督导师**（丽贝卡的报告）：我的受督者很难与她的来访者建立边界，有时候她俩就像在路上遇到的朋友一样闲聊。我已经和她探讨过友谊和治疗之间的区别，我觉得虽然她在理智层面上理解了这一点，但她无法将其转化成对治疗角色的实践。虽然在最近的几次会谈中闲聊有所减少，但它不知什么时候又会冒出来，我觉得她无法识别这两个角色之间的边界。于是我决定和她进行情感探索。我真的非常努力地让她进行自我觉察。她愿意就她对这位来访者的个人感受进行自我表露，这一点我很满意。事实上，在随后的两次督导会谈中，我们继续探索了友谊在她的文化中的意义，以及她对作为一个人和一位专业人士被接纳的需要。我真的很欣赏专业边界之间的复杂性和关联性，以及这与咨询师的文化背景之间的联系。我开始教导她区分边界的重要性以及双重关系和伦理的含义。她满脸都是泪，然后就不说话了。我真的不明白发生了什么，然后在最近一次督导会谈中，她一进门就非常愤怒，觉得我侵入了她的私人世界，也因为我对文化背景

缺乏敏感性。她坚持要我在督导时只教她专业技能,而不是试图成为她的治疗师。我对她的强烈反应感到震惊。我更震惊的是,她觉得我混淆了边界。

督导师(乔金的报告):我真的感同身受。我的受督者似乎完全无法探索自己对来访者的情绪反应。他很努力地想和来访者交朋友,他还真的给她反馈说他觉得她是怎样一个女人!我想他是想向她保证,她是一个好人,是一个他觉得有吸引力的女人。我对他相当生气。他无法或他不愿意去理解到底是什么让他非要跨越专业的边界。我曾多次就他对来访者的这种不当行为与他面质。上次我观看他和这位来访者的咨询会谈时,我完全无语了。他就像在刻意勾引她。在上次督导会谈中,他非常明确地告诉我,不要让他去探索他对来访者的感受,他真正需要的是学习咨询师的技能。如果他想接受治疗,他会自己付钱找一位咨询师。

督导会商

两位督导师并排坐在我对面,接受联合督导会商。丽贝卡是一个喜欢沉思、稳重的人。人们对她的第一印象可能是她沉静的智慧。她抓住一个想法并将其付诸实践的方式,透露出一种坚持和韧性。她像是拥有一对敏锐的触角,能够捕捉行为的细节及其意义。她今天看起来相当沮丧,在讲述自己的督导经历时,带有一丝愤怒和怨恨。她开始讲述她的故事时音调比平时更高,我当即就注意到她传递出的那种强度。

乔金有一种特别的、平静的在场方式,她能够进行激烈的面质,然而她自己的平静却不会浮起一丝涟漪;面质的同时她还能给予一种支持和温暖,让你心中一直萦绕着一种感觉——尽管显然你需要做出一些改变,但你仍然被关爱着。

两位督导师都满怀期待地看着我,她们知道我偏好对复杂的人际关系进行分析。我能感觉到她们在暗示我探索她们在各自的督导关系中的感受。我有一种被她们的情绪强度所散发出的诱惑、被我们在过去解开关系中的情感和行为之网的经历死死拉住的感觉。我相当确信,这一次一定要与过去有所不同。我需要直接向她们教授角色的边界、督导协议的意义和督导关系的发展,正如她们的学生需要理解自己作为咨询师的角色边界一样。我需要向她们提供她们的学生向她们索取的东西:在经验层面上理解获得专业技能的重要性,并在新的专业角色中感觉被赋能。尽管此时此刻她们可能觉得枯燥乏味,觉得我讲的东西与人际关系无关,但我必须提醒她们督导协议的意义和受训者的经验水平。我向她们提出一种新的可能性,即她们的受训者只是不知道如何在咨访关系的框架中表达温暖和真诚。

这里确实存在一个咨询关系和督导关系的平行过程,而我们必须在会商的层面止住这一过程(见图 4.6)。我们必须对她们的

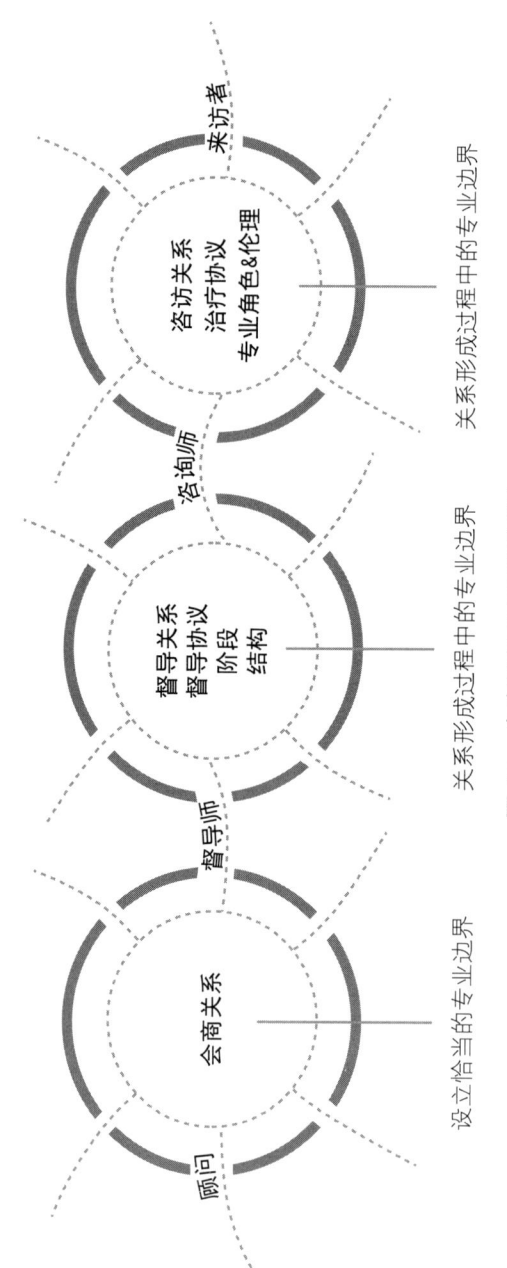

图 4.6 会商性督导与平行过程

督导方法进行清晰且细致的分析，因此我们开始检查受训者欠缺的技能，并思考向他们教授这些技能的督导方法。我们将重点放在可能有助于受训者学习咨询师角色的技能上。我能看出她们满心疑虑，非常想把我们的注意力转移到她们的感受上：她们付出了那么多，她们那么关注这些初出茅庐的咨询师，却没有被当作督导师得到赏识。我一直抵抗这种拉力，直到我们处理完技能和教学方法的部分；在这之后，我们大胆地讨论了关系、文化和性别，以及这些因素如何影响她们与受训者的互动。

督导师对咨询师在发展咨访关系时遇到的困难的判断是正确的，但她们选择了支持和分享的功能，几乎完全聚焦于受训者的情绪觉察，以期解决这个问题。受训者参与了这一深度的探索，但随后感觉自己被引诱进入了一种咨访关系中，并被剥夺了学习帮助来访者的必需技能的机会。

督导师需要仔细考虑督导关系中可能影响僵局的每一个因素。作为与受训者签订的协议的一部分，她们是否保持了督导关系的边界？她们与这些受督者的关系发展处于什么阶段？受督者的经验水平如何？这些因素中的每一个，督导协议以及关系的阶段，都会影响受训者对督导的阻抗。

督导关系相对较浅，深层次的自我表露可能被认为是侵入性的，且与咨询工作无关。虽然最初探索受训者与来访者相关的情绪体验可能是恰当的，但当督导师开始高度聚焦于这一探索领域时，会侵害其他潜在的学习领域。例如，作为新手咨询师，他们需要学习如何在维持咨询师角色的伦理边界的同时建立助人同盟。两位督导师在督导中对人际觉察和咨询式干预的偏好，使她们无法认识到有必要对这些受督者进行技能训练。总之，情绪觉察的学习任务与支持/分享/挑战的策略导致了僵局。督导所需的策略是：对专业角色进行示范，从而打破平行过程；提供指导与建议，以教授建立治疗同盟的必需技能。

督导师和受督者之间的性别和文化差异也导致了她们对受督者的愤怒缺乏敏感度。督导师认为，受训者使用关系技巧是基于一些功能失调的、想要与来访者交朋友的原因。尽管她们能够与受督者就专业关系中的文化习俗和传统进行对话，但在行动中，她们坚持要受督者进行自我表露和进行更亲密的对话，反而违反了这些文化规范。受督者感到督导师在解释他们对来访者的行为时扭曲了他们原本的意图。

最终，受督者能够从文化和性别的角度向督导师解释他们的意图。督导师能够明确识别受督者在咨询情境中的无效行为；受督者能够提出与来访者相处的新方式，这些方式能够改善咨询状况，且让受督者依然感觉自己是真诚的、与自身的文化和性别是一致的。丽贝卡终于开始与受督者讨论对受督者所属的文化群体来说最有效的咨询方法，以及在欧美文化之外的文化中关于关系结构和角色的差异。对这两位督导师来说，理解她们在一开始将督导重点放在从文化和性别的角度进行自我觉察的意义，对于找到一种恰当的方式与受督者建立联结而言非常重要[1]。

注释

1. 本章的部分内容首次发表在《督导师培训：策略、方法和技巧》[*Training Counselling Supervisors: Strategies, Methods, and Techniques*（pp. 35-40），1999，London，England: Sage. Copyright 1999 by Sage]上。经许可转载。

第五章

未来方向与结论

过去十年，专业心理学领域在建立心理治疗胜任力和督导培训方面取得了长足进步。督导研究现在需要把重点放在这些胜任力与受督者在治疗角色中的专业表现以及与来访者疗效之间的相关性上。督导的系统方法（SAS）模型建立在主要关注督导内部（within supervision）因素（即督导的特征，如督导师和受督者的特质、督导关系和督导过程，这些特征与受督者的满意度及其作为咨询师的专业表现相关）的研究基础上。关于督导内部因素的完整讨论，请参见霍洛韦和冈萨雷斯－杜菲的研究（Holloway and Gonzalez-Doupé，1999）。具体而言，这些相关因素包括关系质量、督导师与受训者的特征和行为、受训者的学习需求和对督导的满意度等变量。

较少有研究检验督导和心理治疗之间（between supervision and psychotherapy）变量的关系，这些变量侧重于受训者在治疗中的专业表现（与督导干预和来访者疗效相关；Fuertes，Spokane & Holloway，2012）。二十多年前，万波尔德和霍洛韦（Wampold & Holloway，1997）提出了一个督导研究方法模型，该模型可纳入来访者疗效的远端影响（distant impact）。自那时起，很少有研究处理这一具有挑战性的任务。

截至2015年1月，督导实践的胜任力标准被广泛接受。因此，研究人员有必要严格探究基于胜任力的督导实践对受训者掌握治疗角色及对来访者疗效的影响。为了理解基于胜任力的培训对督导及对治疗师效能的影响，下一步需要揭示督导师干预、受训者/治疗师的专业表现与来访者的改善这三种情境之间的重要关系。

同样重要的是，在培训督导师时如何使用督导胜任力指南（supervision competency guidelines）。这些胜任力能否转化为培训方式？督导模型是否将包含胜任力，并为教授督导实践提供一个综合性框架？是否存在有效的评价流程和工具来测定何为具有胜任力的实践？

评价在很大程度上是本土化的（localized），督导下的每一个特定的培训项目可能都有一个独立的评价标准。就读博士前的督导教育通常存在于教育项目和实习中，这些教育项目和实习可能包括也可能不包括督督导实践［在本书中我称为会商性督导（consultative supervision）］。很大程度上，美国的博士后督导培训都是为了学分而设立的灌输式（didactic）课程或工作坊，通常是为了满足行业执照审核或继续教育学分的要求，很少或根本不会将技能的习得作为成功完成培训的标志。整个督导行业都应接受胜任力指南的影响，因此以下几点亟待建立：（1）与治疗师专业表现和来访者改善相关的胜任力的坚实的实证基础，（2）包含督导师胜任力的督导模型，（3）包含与胜任力指南直接对应的评价流程和工具的评价标准。

关于 SAS 模型的结束语

SAS 模型邀请督导行业内的实践者和教育者反思他们在督导中的行为,就其工作的意义提出一些需要深思的问题,揭示他们自己的直觉性知识,并使用一种共通语言将其传达给他人。该模型试图以一种能够直接运用于督导学习与教学的方式整合督导的研究和实践知识。

在本书中,我对 SAS 的原始模型进行了更新,以整合督导胜任力的鉴别(identification)、关系实践作为模型核心的作用,以及模型在现场督导会谈中的应用等方面的最新进展。SAS 模型的视觉呈现形式已在原始图基础上进行了修改,但仍与模型的主要原理和组成部分保持一致。SAS 的图示一直作为跨语言与跨文化教授该模型的核心标识符和核心机制。这使模型的复杂之处易于理解和应用,鼓励了我在本书中自由地使用这些图示。我希望读者会同意"一图胜千言"的说法。书中运用了大量的案例和逐字稿——既为了展示督导过程,也为了教授如何做督导——试图说明该模型在诊断、概念化和动力分析等督导实践中的多种用途。最后,我想引用 SAS 模型初版图书(Holloway,1995)中的一段话作为结束:

> 尽管我努力捕捉 SAS 模型,想将其置于纸面,但我无法捕捉到在互动氛围中学习时所进行的对话、澄清和演示之中

的兴奋感。这种兴奋感也可以说是督导的本质。最好的督导发生于一位有才华的督导师和一位投入的学生之间的创造性时刻。尽管存在"督导是艺术和技术的融合"的普遍信念，但这并不能阻止我们努力创建一种方法，以指导督导师理解教学原理，学习督导技能，并创造性地将这些方法应用于每一位学习者。(pp. 180–181)

推荐读物

Abernethy, C., & Cook, K. (2011). Resistance or disconnection? A relational-cultural approach to supervisee anxiety and nondisclosure. *Journal of Creativity in Mental Health*, 6, 2–14.

该文从关系-文化模型的角度探讨了督导中有关阻抗和焦虑的具体困境。它与本书中描述的SAS模型的观点是一致的。

Bernard, J. M., & Goodyear, R. K. (2014). *Fundamentals of critical supervision* (5th ed.). Boston, MA: Allyn & Bacon.

该书奠定了督导研究和实践的基础,涵盖了助人专业领域中指导督导实践的所有文献和模型。

Falender, C. A., & Shafranske, E. P. (2004). *Clinical supervision: A competency-based approach.* Washington, DC: American Psychological Association.

该书阐述了基于胜任力的督导模型的基础。

Fuertes, J. N., Spokane, A., & Holloway, E. L. (2012). *The professional competencies in counseling psychology.* London, England: Oxford University Press.

助人专业的胜任力模型对于指导教育、培训和实践变得至关重要。该书回顾了咨询心理学领域的不同子领域及其对应的专业知识,并首次对不同工作领域所涉及的胜任力进行了综述。

Hawkins, P., & McMahon, A. (2020). *Supervision in the helping professions* (5th ed.). London, England: Open University Press.[①]

该书讨论了一种督导过程模型，其中包括反思性督导的七种能力。该模型被称为"七眼督导模型"。

Jordan, J. V. (2004). Relational learning in psychotherapy consultation and supervision. In M. Walker & W. B. Rosen (Eds.), *How connections heal: Stories from relational cultural therapy* (pp. 22–30). New York, NY: Guilford Press.

一项经常被忽视的工作是重视督导关系中的人际联结。

Jordan, J. V. (2010). *Relational cultural therapy.* Washington, DC: American Psychological Association.

朱迪丝·乔丹（Judith Jordan）是让·贝克·米勒培训中心的创始学者。本书描述了关系–文化理论在治疗关系和疗愈性联结（healing connection）中的重要性。SAS督导模型中的督导是一种促进成长的关系，这与关系–文化理论的观点是一致的。

Watkins, C. E., Jr. (2011). Does psychotherapy supervision contribute to patient outcomes? Considering thirty years of research. *The Clinical Supervisor*, 30, 235–256.

这是一篇关于如何处理与督导实践相关的、由来访者疗效测量带来的困境的最新论文。

---

① 原书中作者推荐了《助人专业督导》第四版［Hawkins, P., & Shohet, R. (2012). *Supervision in the helping professions* (4th ed.). London, England: Open University Press］，但遗漏了对该书的概述。经译者联系，作者推荐了《助人专业督导》第五版，并对第五版的主要内容做了概述。尊重作者意见，将该中译本更新为第五版。——译者注

Watkins, C. E., Jr., & Milne, D. L. (2014). *Wiley international handbook of clinical supervision.* New York, NY: Wiley Press.

一部临床督导研究的重要汇编，涵盖全球研究者和从业者的工作。它是临床督导和心理治疗领域的所有教育工作者的首选资料。

参考文献

American Psychological Association. (2014). *Guidelines for clinical supervision in health service psychology.*

Arnon, C., & Hellman, S. (2004). On supervision and professional development of school counselors. In R. Erhardt & A. Klingman (Eds.), *School counseling in a changing world* (pp. 443–464). Tel Aviv, Israel: Ramot.

Baltimore, M. L. (1998). Supervision ethics: Counseling the supervisee. *The Family Journal, 6,* 312–314.

Bambling, M., & King, R. (2000). Supervision and the development of counselor competency. *Psychotherapy in Australia, 6,* 58–63.

Belenky, M. F., Clinchy, B. M., Goldberger, N. R., & Tarule, J. M. (1997). *Women's ways of knowing: The development of self, voice, and mind* (10th anniversary ed.). New York, NY: Basic Books.

Bernard, J. M. (1979). Supervisor training: A discrimination model. *Counselor Education and Supervision, 19,* 60–68.

Bernard, J. M., & Goodyear, R. K. (2014). *Fundamentals of critical supervision* (5th ed.). Boston, MA: Allyn & Bacon.

Beutler, L. E., & McNabb, C. E. (1981). Self-evaluation for the psychotherapist. In C. E. Walker (Ed.), *Clinical practice of psychology* (pp. 397–439). New York, NY: Pergamon Press.

Blumer, H. (1969). *Symbolic interactionism: Perspective and method.* Englewood Cliffs, NJ: Prentice-Hall.

Blumer, H., & Morrione, T. J. (Eds.). (2004). *George Herbert Mead and human conduct.* Lanham, MD: Rowman & Littlefield.

Bowers, B. (1988). Grounded theory. In B. J. Sarter (Ed.), *Paths to knowledge: Innovative research methods for nursing* (pp. 33–59). New York, NY: National League for Nursing.

Burck, C. (2010). From hazardous to collaborative learning: Thinking systemically about live supervision group processes. In C. Burck & G. Daniel (Eds.), *Mirrors and reflections: Processes of systemic supervision* (pp. 141–162). London, England: Karnac Books.

Burck, C., & Daniel, G. (Eds.). (2010). *Mirrors and reflections: Processes of systemic supervision.* London, England: Karnac Books.

Burkard, A. W., Knox, S., Hess, S. A., & Schultz, J. (2009). Lesbian, gay, and bisexual supervisees' experiences of LGB-affirmative and non-affirmative supervision. *Journal of Counseling Psychology, 56,* 176–188.

Burnham, J. (2010). Creating reflexive relationships between practices of systemic supervision and theories of learning and education. In C. Burck & G. Daniel (Eds.), *Mirrors and reflections: Processes of systemic supervision* (pp. 49–77). London, England: Karnac Books.

Burns, C. I., & Holloway, E. L. (1990, January). Therapy in supervision: An unresolved issue. *The Clinical Supervisor*, *7*(4), 47–60.

Byrne, A. M., & Sias, S. M. (2010). Conceptual application of the discrimination model of clinical supervision for direct care workers in adolescent residential treatment settings. *Child & Youth Care Forum*, *39*, 201–209.

Carifio, M. S., & Hess, A. K. (1987). Who is the ideal supervisor? *Professional Psychology: Research and Practice*, *3*, 244–250.

Carroll, M. (1994). Making ethical decisions in organizational counselling. *EAP International*, *1*(4), 26–30.

Carroll, M. (1996a). *Counselling in supervision: Theory, skills and practice*. London, England: Cassell.

Carroll, M. (1996b). *Workplace counseling*. London, England: Sage.

Carroll, M., & Holloway, E. L. (Eds.). (1999). *Counseling supervision in context*. London, England: Sage.

Coleman, H. L. K., Wampold, B. E., & Casali, S. L. (1995). Ethnic minorities' ratings of ethnically similar and European American counselors: A meta-analysis. *Journal of Counseling Psychology*, *42*, 247–294.

Constantine, M. G., Fuertes, J. N., Roysircar, G., & Kindaichi, M. M. (2008). Multicultural competence: Clinical practice, training and supervision, and research. In W. B. Walsh (Ed.), *Biennial review of counseling psychology* (pp. 97–127). New York, NY:

Routledge/Taylor & Francis.

Constantine, M. G., Warren, A. K., & Miville, M. L. (2005). White racial identity dyadic interactions in supervision: Implications for supervisees' multicultural counseling competence. *Journal of Counseling Psychology, 52*, 490–496.

DeCato, C. M. (2002). A quantitative method for studying the testing supervision process. *Psychological Reports, 90*, 137–138.

Ekstein, R., & Wallerstein, R. S. (1958). *The teaching and learning of psychotherapy.* New York, NY: Basic Books.

Ellis, M. V., & Dell, D. M. (1986). Dimensionality of supervisor roles: Supervisors' perceptions of supervision. *Journal of Counseling Psychology, 33*, 282–291.

Ellis, M. V., Dell, D. M., & Good, G. E. (1988). Counselor trainees' perceptions of supervisor roles: Two studies testing the dimensionality of supervision. *Journal of Counseling Psychology, 35*, 315–324.

Ellis, M. V., & Ladany, N. (1997). Inferences concerning supervisees and clients in clinical supervision: An integrative review. In C. E. Watkins, Jr., (Ed.), *Handbook of psychotherapy supervision* (pp. 447–507). New York, NY: John Wiley & Sons.

Ellis, M. V., Ladany, N., Krengel, M., & Schult, D. (1996). Clinical supervision research from 1981 to 1993: A methodological critique. *Journal of Counseling Psychology, 43*, 35–50.

Elman, N., Forrest, L., Vacha-Haase, T., & Gizara, S. (1999). A systems perspective on trainee impairment: Continuing the dialogue. *The Counseling Psychologist, 27*, 712–721.

Falender, C. A., Cornish, J. A., Goodyear, R., Hatcher, R., Kaslow, N. J., Leventhal, G., . . . Grus, C. (2004). Defining competencies in psychology supervision: A consensus statement. *Journal of Clinical Psychology, 60*, 771–785.

Falender, C. A., & Shafranske, E. P. (2004). *Clinical supervision: A competency-based approach.* Washington, DC: American Psychological Association.

Falender, C. A., & Shafranske, E. P. (2006). *A casebook for clinical supervision: A competency-based approach.* Washington, DC: American Psychological Association.

Follett, M. P. (1941). The meaning of responsibility in business management. In H. C. Metcalf & L. Urwick (Eds.), *Dynamic administration: The collected papers of Mary Parker Follett* (pp. 141–166). London, England: Sir Isaac Pitman and Sons.

Forrest, L. M. (2008). The ever evolving identity of counseling psychologists: Musings of the Society of Counseling Psychology president. *The Counseling Psychologist, 36*, 281–289.

Forrest, L. M. (2010). Linking international psychology, professional competence, and leadership: Counseling psychologists as learning partners. *The Counseling Psychologist, 38*, 96–120.

Forrest, L. M., Miller, D. S., & Elman, L. S. (2008). Psychology trainees with competence problems: From individual to ecological conceptualizations. *Training and Education in Professional Psychology, 2*, 183–192.

Fouad, N. A., Grus, C. L., Hatcher, R. L., Kaslow, N. J., Hutchings, P. S., Madson,M. B., . . . Crossman, R. E. (2009). Competency benchmarks: A model for the understanding and measuring of competence in professional psychology across training levels. *Training and Education in Professional Psychology, 4*(Suppl.), S5–S26.

Frawley-O'Dea, M. G. (1998). Revisiting the "teach/treat" boundary in psychoanalytic supervision: When the supervisee is or is not in concurrent treatment.*Journal of the American Academy of Psychoanalysis, 26*, 513–527.

Fredrickson, B. L., & Losada, M. F. (2005). Positive affect and the complex dynamics of human flourishing. *American Psychologist, 60*, 678–686.

French, J. R. P., Jr., & Raven, B. M. (1960). The bases of social power. In D. Cartwright & A. Zander (Eds.), *Group dynamics: Research and theory* (2nd ed., pp. 607–623). New York, NY: Peterson.

Friedlander, M. L., Keller, K. E., Peca-Baker, T. A., & Olk, M. E. (1986). Effects of role conflict on counselor trainees' self-statements, anxiety level, and performance. *Journal of Counseling Psychology, 33*, 73–77.

Friedlander, M. L., & Ward, L. G. (1984). Development and validation of the Supervisory Styles Inventory. *Journal of Counseling*

Psychology, *31*, 541–557.

Fuertes, J. N., Spokane, A., & Holloway, E. L. (2012). *The professional competencies in counseling psychology*. London, England: Oxford University Press.

Garb, H. N. (1989). Clinical judgment, clinical training, and professional experience. *Psychological Bulletin, 105*, 387–396.

Garfield, S. L. (1994). Research on client variables in psychotherapy. In A. E. Bergin & S. L. Garfield (Eds.), *Handbook of psychotherapy and behavior change* (4th ed., pp. 190–228). New York, NY: Wiley.

Goldberg, D. A. (1985). Process, notes, audio and videotape: Modes of presentation in psychotherapy. *The Clinical Supervisor, 3*(3), 3–14.

Goodyear, R. K. (1982). *Psychotherapy supervision by major theorists*. Manhattan, KS: Instructional Media Center, Kansas State University.

Goodyear, R. K., Abadie, P. D., & Efros, F. (1984). Supervisory theory into practice: Differential perception of supervision by Ekstein, Ellis, Polster, and Rogers. *Journal of Counseling Psychology, 31*, 228–237.

Goodyear, R. K., Bradley, F. O., & Bartlett, W. E. (1983). An introduction to theories of counselor supervision. *The Counseling Psychologist, 11*(1), 19–20.

Goodyear, R. K., & Robyak, J. E. (1982). Supervisors' theory and experience in supervisory focus. *Psychological Reports*, *51*, 978.

Gross Doehrman, M. J. (1976). Parallel processes in supervision and psychotherapy. *Bulletin of the Menninger Clinic*, *40*, 1–104.

Guest, P. D., & Beutler, L. E. (1988). Impact of psychotherapy supervision on therapist orientation and values. *Journal of Consulting and Clinical Psychology*, *56*, 653–658.

Gysbers, N. C., & Johnston, J. A. (1965). Expectations of a practicum supervisor's role. *Counselor Education and Supervision*, *4*(2), 68–75.

Hart, G. M., & Nance, D. (2003). Styles of counselor supervision as perceived by supervisors and supervisees. *Counselor Education and Supervision*, *43*, 146–158.

Hawkins, E. J., Lambert, M. J., Vermeersch, D. A., Slade, K. L., & Tuttle, K. C. (2004). The therapeutic effects of providing patient progress information to therapists and patients. *Psychotherapy Research*, *14*, 308–327.

Heppner, P. P., & Roehlke, H. J. (1984). Differences among supervisees at different levels of training: Implications for a developmental model of supervision. *Journal of Counseling Psychology*, *31*, 76–90.

Hess, A. K. (Ed.). (1980). *Psychotherapy supervision: Theory, research and practice.* New York, NY: Wiley.

Hewson, J. (1999). Training supervisors to contract in supervision. In E. Holloway & M. Carroll (Eds.), *Training counseling supervisors* (pp. 67–91). London, England: Sage.

Hill, C. E., Charles, D., & Reed, K. G. (1981). A longitudinal analysis of changes in counseling skills during doctoral training in counseling psychology. *Journal of Counseling Psychology, 28*, 428–436.

Holloway, E. L. (1984). Outcome evaluation in supervision research. *The Counseling Psychologist, 12*, 167–174.

Holloway, E. L. (1992). Supervision: A way of teaching and learning. In S. D. Brown & R. W. Lent (Eds.), *Handbook of counseling psychology* (pp. 177–214).New York, NY: Wiley.

Holloway, E. L. (1995). *Clinical supervision: A systems approach.* Thousand Oaks, CA: Sage.

Holloway, E. L. (1998, October 29). *The supervisee's view: An international sample.* Paper presented at the meeting of the Department of Educational Counseling Psychology, University of Illinois, Urbana-Champaign.

Holloway, E. L. (2000, July 1). *Through the eyes of the supervisee.* Paper presented to the Queensland Guidance and Counseling Association, Brisbane, Queensland, Australia.

Holloway, E. L., Freund, R. D., Gardner, S. L., Nelson, M. L., & Walker, B. R. (1989). Relation of power and involvement to theoretical orientation supervision: An analysis of discourse. *Journal of Counseling Psychology, 36*, 88–102.

Holloway, E. L., & Gonzalez-Doupé, P. (1999, August). *Empirically supported intervention programs: Implications for supervision as a training modality.* Paper presented at The American Psychology Convention, Boston, MA.

Holloway, E. L., & Neufeldt, S. A. (1995). Supervision: Its contributions to treatment efficacy. *Journal of Consulting and Clinical Psychology, 63,* 207–213.

Holloway, E. L., & Poulin, K. (1995). Discourse in supervision. In J. Siegfried (Ed.), *Therapeutic and everyday discourse as behavior change: Towards a microanalysis in psychotherapy process research* (pp. 245–276). New York, NY: Ablex.

Holloway, E. L., & Roehlke, H. J. (1987). Internship: The applied training of a counseling psychologist. *The Counseling Psychologist, 15,* 205–260.

Holloway, E. L., & Wolleat, P. L. (1981). Style differences of beginning supervisors: An interactional analysis. *Journal of Counseling Psychology, 28,* 373–376.

Inman, A. G., Hutman, H., Pendse, A., Devdas, L., Luu, L., & Ellis, M. V. (2014). Current trends concerning supervisees, supervisors, and clients in clinical supervision. In C. E. Watkins & D. L. Milne (Eds.), *The international handbook of clinical supervision* (pp. 61–102). Hoboken, NJ: Wiley-Blackwell.

Inman, A. G., & Ladany, N. (2008). Research: The state of the field. In T. H. Hess (Ed.), *Psychotherapy supervision: Theory, research, and practice* (2nd ed., pp. 500–517). Hoboken, NJ: John Wiley &

Sons.

Inskipp, F., & Proctor, B. (1989). *Skills for supervising and being supervised* [Principle of Counseling audiotape series]. East Sussex, United Kingdom: Alexia.

Itzhaky, H., & Itzhaky, T. (1996). The therapy–supervision dialectic. *Clinical Social Work Journal, 24*, 77–88.

Johnson, W. B., Barnett, J. E., Elman, N. S., Forrest, L., & Kaslow, N. J. (2012). The competent community: Toward a vital reformulation of professional ethics. *American Psychologist, 67*, 557–569.

Johnston, L., & Milne, D. (2012). How do supervisee's learn during supervision? A Grounded Theory study of the perceived developmental process. *The Cognitive Behaviour Therapist, 5*, 1–23.

Jordan, J. (1997). *Women's growth in diversity.* New York, NY: Guilford Press.

Jordan, J. V., & Walker, M. (2004). Introduction. In J. V. Jordan, M. Walker, & M. Hartling (Eds.), *The complexity of connection: Writings from the Stone Center's Jean Baker Miller Training Institute* (pp. 1–8). New York, NY: Guilford Press.

Kagan, N. I., & Kagan, H. (1990). IPR: A validated model for the 1990s and beyond. *The Counseling Psychologist, 18*, 436–440.

Kaslow, N. J., Grus, C. L., Campbell, L. F., Fouad, N. A., Hatcher, R. L., & Rodolfa, E. R. (2009). Competency assessment toolkit for professional psychology. *Training and Education in Professional*

Psychology, 3(Suppl.), S27–S45.

Ladany, N., Brittan-Powell, C. S., & Pannu, R. K. (1997). The inflllence of supervisory racial identity interaction and racial matching on the supervisory working alliance and supervisee multicultural competence. *Counselor Education and Supervision, 36*, 284–304.

Ladany, N., Ellis, M. V., & Friedlander, M. L. (1999). The supervisory working alliance, trainee self-efficacy, and satisfaction. *Journal of Counseling & Development, 77*, 447–455.

Ladany, N., & Friedlander, M. L. (1995). The relationship between the supervisory working alliance and trainees' experience of role conflict and role ambiguity. *Counselor Education and Supervision, 34*, 220–231.

Ladany, N., Friedlander, M. L., & Nelson, M. L. (2005). Heightening multicultural awareness: It's never been about political correctness. In N. Ladany (Ed.), *Critical events in psychotherapy supervision: An interpersonal approach* (pp. 53–77). Washington, DC: American Psychological Association.

Ladany, N., Inman, A. G., Constantine, M. G., & Hofheinz, E. W. (1997). Supervisee multicultural case conceptualization ability and self-reported multicultural competence as functions of supervisee racial identity and supervisor focus. *Journal of Counseling Psychology, 44*, 284–293.

Ladany, N., & Lehrman-Waterman, D. E. (1999). The content and frequency of supervisor self-disclosures and their relationship to supervisor style and the supervisory working alliance. *Counselor Education and Supervision, 38*, 143–160.

Lambert, M. J., Harmon, C., Slade, K., Whipple, J. L., & Hawkins, E. J. (2005). Providing feedback to psychotherapists on their patients' progress: Clinical results and practice suggestions. *Journal of Clinical Psychology, 61*, 165–174.

Lambert, M. J., & Hawkins, E. J. (2001). Using information about patient progress in supervision: Are outcomes enhanced? *Australian Psychologist, 36*, 131–138.

Lambert, M. J., Whipple, J. L., Vermeersch, D., Smart, D. W., Hawkins, E. J., Nielsen, S. L., & Goates, M. (2002). Enhancing psychotherapy outcomes via providing feedback on client progress: A replication. *Clinical Psychology & Psychotherapy, 9*, 91–103.

Loganbill, C., Hardy, E., & Delworth, U. (1982). Supervision: A conceptual model. *The Counseling Psychologist, 10*, 3–42.

Luke, M., Ellis, M. V., & Bernard, J. M. (2011). School counselor supervisors' perceptions of the discrimination model of supervision. *Counselor Education and Supervision, 50*, 328–343.

Marikis, D. A., Russell, R. K., & Dell, D. M. (1985). Effects of supervisor experience level on planning and in-session supervisor verbal behavior. *Journal of Counseling Psychology, 32*, 410–416.

Martin, J. S., Goodyear, R. K., & Newton, F. B. (1987). Clinical supervision: An intensive case study. *Professional Psychology: Research and Practice, 18,*225–235.

McNeill, B. W., & Stoltenberg, C. D. (2016). *Supervision essentials for the integrative development model.* Washington, DC: American Psychological Association.

McNeill, B. W., Stoltenberg, C. D., & Pierce, R. A. (1985). Supervisees' perceptions of their development: A test of the counselor complexity model. *Journal of Counseling Psychology, 32,* 630–633.

Mead, G. H. (1934). *Mind, self, and society: From the standpoint of a social behaviorist.* Chicago, IL: University of Chicago Press.

Miars, R. D., Tracey, T. J., Ray, P. B., Cornfeld, J. L., O'Farrell, M., & Gelso, C. J. (1983). Variation in supervision process across trainee experience levels. *Journal of Counseling Psychology, 30,* 403–412.

Miller, G. R. (1976). *Explorations in interpersonal communication.* Newbury Park, CA: Sage.

Miller, J. B., & Stiver, I. P. (1997). *The healing connection: How women form relationships in therapy and in life.* Boston, MA: Beacon Press.

Miville, M. L., Duan, C., Nutt, R. L., Waehler, C. A., Suzuki, L., Pistole, M. C., . . . Corpus, M. (2009). Integrating practice guidelines into professional training: Implications for diversity competence. *The Counseling Psychologist, 37,* 519–563.

Morton, T., Alexander, C., & Altman, I. (1976). Communication and relationship definition. In G. Miller (Ed.), *Explorations in interpersonal communication* (pp. 105–125). Beverly Hills, CA: Sage.

Mueller, W. J., & Kell, B. L. (1972). *Coping with conflict: Supervising counselors and psychotherapists.* Englewood Cliffs, NJ: Prentice-Hall.

Muse-Burke, J., Ladany, N., & Deck, M. D. (2001). The supervisory relationship. In L. J. Bradley & N. Ladany (Eds.), *Counselor supervision: Principles, process, and practice* (3rd ed., pp. 28–62). New York, NY: Brunner-Routledge.

Neufeldt, I. S. A., Karno, M. P., & Nelson, M. L. (1996). A qualitative study of experts' conceptualization of supervisee reflectivity. *Journal of Counseling Psychology, 43*, 3–9.

Ober, A. M., Granello, D. H., & Henfield, M. S. (2009). A synergistic model to enhance multicultural competence in supervision. *Counselor Education and Supervision, 48*, 204–221.

O'Donoghue, K. (2012). Windows on the supervisee experience: An exploration of supervisees' supervision histories. *Australian Social Work, 65*, 214–231.

Olk, M. E., & Friedlander, M. L. (1992). Trainees' experiences of role conflict and role ambiguity in supervisory relationships. *Journal of Counseling Psychology, 39*, 389–397.

Palomo, M., Beinart, H., & Cooper, M. J. (2010). Development and validation of the Supervisory Relationship Questionnaire (SRQ) in UK trainee clinical psychologists. *British Journal of Clinical Psychology, 49*, 131–149.

Patton, M. J., & Kivlighan, D. M., Jr. (1997). Relevance of the supervisory alliance to the counseling alliance and to treatment adherence in counselor training. *Journal of Counseling Psychology, 44*, 108–115.

Penman, R. (1980). *Communication processes and relationship.* London, England: Academic Press.

Proctor, T. I. (1997). Contracting in supervision. In C. Sills (Ed.), *Contracts in counseling* (pp. 161–175). London, England: Sage.

Putney, M. W., Worthington, E. L., Jr., & McCullough, M. E. (1992). Effects of supervisor and supervisee, theoretical orientation and supervisor-supervisee matching on interns' perceptions of supervision. *Journal of Counseling Psychology, 39*, 258–265.

Rabinowitz, F. E., Heppner, P. P., & Roehlke, H. J. (1986). Descriptive study of process and outcome variables of supervision over time. *Journal of Counseling Psychology, 33*, 292–300.

Reising, G. N., & Daniels, M. H. (1983). A study of Bogan's model of counselor development and supervision. *Journal of Counseling Psychology, 30*, 235–244.

Robyak, J. E., Goodyear, R. K., & Prange, M. (1987). Effects of supervisors' sex, focus, and experience on preferences for interpersonal power bases. *Counselor Education and Supervision,*

26, 299–309.

Russell, R. K., Crimmings, A. M., & Lent, R. W. (1984). Counselor training and supervision: Theory and research. In S. Brown & R. Lent (Eds.), *The handbook of counseling psychology* (pp. 625–681). New York, NY: John Wiley.

Sarnat, J. E. (2016). *Supervision essentials for psychodynamic psychotherapies*. Washington, DC: American Psychological Association.

Schilling, B. (2005). *Systemisk supervision metodik: Et sprogspil for professionelle der anvender supervision* [Systemic supervision methodology: A language game for professionals using supervision]. Virum, Denmark: Dansk Psykologisk Forlag.

Schilling, B., Jacobsen, C. H., & Nielsen, J. (2010, March). Supervision og de 3 K'er [Supervision and the 3 C's: Context, contract and control]. *Dansk Psykolog Nyt, 5*.

Schwartz, H. L., & Holloway, E. L. (2012). Partners in learning: A grounded theory study of relational practice between master's students and professors. *Mentoring & Tutoring: Partnership in Learning, 20*, 115–135.

Schwartz, H. L., & Holloway, E. L. (2014). "I become a part of the learning process": Mentoring episodes and individualized attention in graduate education. *Mentoring & Tutoring: Partnership in Learning, 22*, 38–55.

Skovholt, T. M., & Rønnestad, M. H. (1992). *The evolving professional self: Stages and themes in therapist and counselor development.* Chichester, England: Wiley.

Stein, D. M., & Lambert, M. J. (1995). Graduate training in psychotherapy: Are therapy outcomes enhanced? *Journal of Consulting and Clinical Psychology, 63,* 182–196.

Stenack, R. J., & Dye, H. A. (1982). Behavioral description of counseling supervision roles. *Counselor Education and Supervision, 21,* 295–304.

Stoltenberg, C. D., & Delworth, U. (1987). *Supervising counselors and therapists.* San Francisco, CA: Jossey-Bass.

Stoltenberg, C. D., McNeill, B., & Crethar, H. C. (1994). Changes in supervision as counselors and therapists gain experience: A review. *Professional Psychology: Research and Practice, 25,* 416–449.

Stoltenberg, C. D., McNeill, B. W., & Delworth, U. (1998). *IDM supervision: An integrated developmental model for supervising counselors and therapists.* San Francisco, CA: Jossey-Bass.

Stone, G. L. (1980). Effects of experience on supervisor planning. *Journal of Counseling Psychology, 27,* 84–88.

Strong, S. R., Hills, H. I., & Nelson, B. N. (1988). *Interpersonal communication rating scale* (Rev. ed.). Richmond: Department of Psychology, Virginia Commonwealth University.

Strozier, A. L., Kivlighan, D. M., & Thoreson, R. W. (1993). Supervisor intentions, supervisee reactions, and helpfulness: A case study of the process of supervision. *Professional Psychology: Research & Practice, 24*, 13–19.

Sundland, L. M., & Feinberg, L. B. (1972). The relationship of interpersonal attraction, experience, and supervisors' level of functioning in dyadic counseling supervision. *Counselor Education and Supervision, 11*, 187–193.

Tracey, T. J., Ellickson, J. L., & Sherry, P. (1989). Reactance in relation to different supervisory environments and counselor development. *Journal of Counseling Psychology, 36*, 336–344.

Wampold, B. E., & Holloway, E. L. (1997). Methodology, design, and evaluation in psychotherapy supervision research. In J. C. E. Watkins (Ed.), *Methodology, design, and evaluation in psychotherapy supervision research* (pp. 11–27). New York, NY: Wiley.

Ward, L. G., Friedlander, M. L., Schoen, L. G., & Klein, J. C. (1985). Strategic self- presentation. *Journal of Counseling Psychology, 32*(1), 111–118.

Watkins, C. E., Jr. (2011). Does psychotherapy supervision contribute to patient outcomes? Considering thirty years of research. *The Clinical Supervisor, 30*, 235–256.

Webster's encyclopedic unabridged dictionary of the English language. (1989). New York, NY: Random House.

Wedeking, D. F., & Scott, T. B. (1976). A study of the relationship between supervisor and trainee behaviors in counseling practicum.

Counselor Education and Supervision, 15, 259–266.

Whipple, J. L., Lambert, M. J., Vermeersch, D., Smart, D. W., Nielsen, S. L., & Hawkins, E. J. (2003). Improving the effects of psychotherapy: The use of early identification of treatment and problem-solving strategies in routine practice. *Journal of Counseling Psychology, 50*, 59–68.

Wiley, M. O., & Ray, P. B. (1986). Counseling supervision by developmental level. *Journal of Counseling Psychology, 33*, 439–445.

Worthen, V. E., & Lambert, M. J. (2007). Outcome oriented supervision: Advantages of adding systematic client tracking to supportive consultations. *Counselling & Psychotherapy Research, 7*, 48–53.

Worthington, E. L., Jr. (1984a). Empirical investigation of supervision of counselors as they gain experience. *Journal of Counseling Psychology, 31*, 63–75.

Worthington, E. L., Jr. (1984b). Use of trait labels in counseling supervision by experienced and inexperienced supervisors. *Professional Psychology: Research and Practice, 15*, 457–461.

Worthington, E. L., Jr., & Roehlke, H. J. (1979). Effective supervision as perceived by beginning counselors-in-training. *Journal of Counseling Psychology, 26*, 64–73.

Worthington, E. L., Jr., & Stern, A. (1985). The effects of supervisor and supervisee degree level and gender on the supervisory relationship. *Journal of Counseling Psychology, 32*, 252–262.

Xi-Qing, S. (2004). The implication of the Holloway's SAS model for the clinical supervision in China. *Chinese Journal of Clinical Psychology, 12*, 92–95.